核聚变科学出版工程　　"十四五"国家重点出版物出版规划项目

辐射与能量

〔日〕田边哲朗　著　　万发荣　译

U0243110

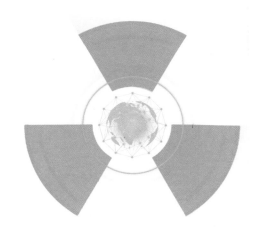

RADIATION:
AN ENERGY CARRIER

中国科学技术大学出版社

安徽省版权局著作权合同登记号：第 12212024 号

ENERGIE NO SHITEN KARA MITA HOSHASEN
KOWAKUTE KOWAIKEDO KOWAKUNAI

© Copyright 2018 Tetsuo Tanabe

Chinese translation rights in simplified characters arranged with **KYUSHU UNIVERSITY PRESS** through Japan UNI Agency，Inc.，Tokyo

此版本仅在中华人民共和国境内(不包括香港、澳门特别行政区及台湾地区)销售。

图书在版编目(CIP)数据

辐射与能量/(日)田边哲朗著；万发荣译. —合肥：中国科学技术大学出版社，2022.3
(核聚变科学出版工程)
"十四五"国家重点出版物出版规划项目
ISBN 978-7-312-05302-3

Ⅰ．辐… Ⅱ．① 田… ② 万… Ⅲ．核能—普及读物 Ⅳ．TL-49

中国版本图书馆 CIP 数据核字(2021)第 268809 号

辐射与能量

FUSHE YU NENGLIANG

出版	中国科学技术大学出版社
	安徽省合肥市金寨路 96 号，230026
	http://press. ustc. edu. cn
	https://zgkxjsdxcbs. tmall. com
印刷	安徽国文彩印有限公司
发行	中国科学技术大学出版社
开本	787 mm×1092 mm 1/16
印张	11
插页	1
字数	180 千
版次	2022 年 3 月第 1 版
印次	2022 年 3 月第 1 次印刷
定价	50. 00 元

内 容 简 介

　　辐射的本质是一种能量的释放。辐射与太阳光的区别仅在于两者携带的能量大小是不一样的。因为辐射和太阳光照射物质或生命体所导致的结果大不相同,所以人们常错误地认为它们是完全不同的东西。本书试图让人们理解,两者不同的真实原因在于它们传递给物质或生命体的功率密度(每秒钟传递给单位面积的能量)有差别,或者能量密度(传递给单位体积的能量)有差别。主要内容包括:携带能量的辐射、什么是辐射(能量量子束)、能量量子束源(辐射源)、能量量子束源对物质(无机物、有机物、生物)的影响、辐射防护与除污、能量量子束的检测、能量量子束的利用、能量与地球历史、能量利用与辐射。

　　本书可供具有高中及以上程度数理化知识的读者阅读参考。

中文版自序

　　此次，经过北京科技大学万发荣教授的精心翻译，拙作《从能量视角看辐射——厉害、吓人，但不可怕》的中文版（《辐射与能量》）得以出版，我感到非常荣幸。除了文字翻译之外，对于本书出版过程中的各种事务，万教授也花费了大量精力，在这里向他表示衷心的感谢。

　　辐射的最大特点在于肉眼不可见，对物质或生物体因辐射照射而产生的效应和结果进行预测是一件极其困难的事情。因此，常有人对辐射感到莫名的恐惧，从而不能公正客观地评价它，甚至完全无视它的有用性。即使是那些了解辐射有用性的人，也可能因为过于关注推进辐射应用本身，所以没有能够充分解释辐射为什么有用，怎样才能避免辐射的危险性。事实上，许多人只是一味地渲染辐射的危险性，强调那些难以形容的"可怕之处"，进而排斥它的有效应用。另外，过去不幸发生的几次核电站事故，也给人们接受新建核电站带来了更多的困难。

　　辐射的本质是一种能量的释放，它与太阳光的区别仅在于两者携带的能量大小是不一样的。因为辐射和太阳光照射物质或生命体所导致的结果大不相同，所以人们常错误地认为它们是完全不同的东西。本书试图让人们理解，辐射和太阳光照射物质或生命体所导致的不同结果的原因在于，两者传递给物质或生命体的功率密度（每秒钟传递给单位面积的能量）或者能量密度（传递给单位体积的能量）不一样。本书原书名中的"从能量视角看辐射"便是出于这一目的，辐射也可称为能量量子束。

　　化石能源是有限的。虽然从短期来看，能源应用还有许多的可选择方案，但以 100 年以上的时间尺度来看，人类最终将不得不使用核能。应用核能或辐射能作为能源时面临的各种是是非非，其解决办法还是要依靠人们的意志、判断。但是，我希望这种意志、判断能够建立在对辐射充分理解的基础之上。然而，对于普通人来说，从原理角度理解辐射并不是一件简单的事情。本书的创作目的就是为了帮助更多的人正确地理解辐射。当然，阅读此书还是需要具备高中程度的物理、化学和数学等学科知识，这一点需要向读者表示歉意。当然为了正确地描述辐射，这也是没有办法的事情。

关于辐射应用时的安全规定及其管制措施，国际辐射防护委员会（International Commission on Radiological Protection，ICRP）发布了相关建议，有许多国家据此制定了相关国内法律。但是，各国对于辐射控制的细节可能会有所不同。因为本书是面向日本读者写作的，并没有考虑中国读者的实际情况，所以我希望书中的表述不会引起不必要的误读，也期待本书能够为广大中国读者正确理解辐射作出一份贡献。

2021 年 6 月

中 文 版 序

  日本友人田边哲朗教授的《辐射与能量》(中文版译名)一书经过北京科技大学万发荣教授的精心翻译,即将出版发行,我感到特别高兴。田边教授、万发荣教授都是我相处超过 20 年的老朋友,他们有共同的特点:治学严谨、认真细致、谦虚待人、乐于助人。田边教授长期从事聚变等离子体与材料的相互作用研究,是国际聚变界的知名学者,对中国十分友好,特别是在 20 世纪八九十年代,对我国刚刚起步的磁约束聚变研究给予了很多帮助。近年来,他经常来华帮助我们,对聚变过程中的辐射研究给予指导。万发荣教授在日本获得博士学位,长期从事聚变材料研究,精通日语,也一直致力于中日友好和交流,他为本书出版花费了大量精力。相信此书的出版一定会使我国同行和广大读者受益匪浅。

  田边教授的《辐射与能量》一书用浅显的语言,向人们描述了辐射的原理和奇妙。辐射在人们的日常生活中无处不在,它是一种携带能量的物质。辐射与地球的历史、生命的演化紧密相关。人们了解了辐射,就能正确地利用辐射来改善我们的生活,造福人类。现实生活中,人类早已将辐射用于测量、医疗、考古、能源等各个领域,如我们常见的杀菌。相信凡是看过这本书的读者一定会消除长期以来对辐射的误解和恐惧,一定能够认识到辐射虽然听上去有点"吓人",但其实并不"可怕"。

中国工程院院士

2021 年 6 月

译 者 序

　　辐射在人类的生活中起着十分重要的作用。例如,天然放射性的存在一直是人们关注的话题。然而,与辐射问题关联最大的还是核能的大规模开发利用。人类在获取核能提供的巨大能量的同时,也面临着如何处理其产生的放射性的难题。辐射知识的普及,对于置身科技高速发展的现代人来说,实在是太有必要了。然而,有关辐射科学的书籍虽然很多,但大多数聚焦于比较生僻深奥的医学专业知识,一般读者难以理解。

　　田边哲朗先生的著作《辐射与能量》(中文版译名)可以帮助人们正确地理解辐射问题。本书通俗易懂,一般来说具有高中知识水平的读者都不会有什么阅读困难。本书力图告诉读者,辐射确实是一种厉害的(强烈的辐射)、吓人的(客观上会造成坏影响)的东西,但并不可怕(没有必要无端地恐惧它)。尤其值得指出的是,田边哲朗先生曾任日本名古屋大学和九州大学教授,是这一学科领域的权威人士,因此本书同时也具有很高的学术价值。

　　本书的翻译工作得到了国家磁约束聚变堆总体设计组的支持。我就是在总体设计组会议上,从李建刚院士处获得本书的日文版原本,并接受了它的翻译工作。李建刚院士还为本书中文版写了热情洋溢的序言。

　　日本京都大学徐虬和中国科学院等离子体物理研究所罗广南参加了本书译稿的校对工作。

万发荣

2021 年 6 月

V

前　　言

　　本书论述辐射的角度与已有的类似图书有所不同,其目的在于让读者理解辐射是一种携带能量的物质,进而认识到辐射虽然"吓人",但实际上并不"可怕"。

　　从辐射物理学、辐射化学、辐射生物学等课程的教科书,到一般的有关辐射的科普类图书,已经大量出版。此外,通过互联网等途径,也能够非常简单地获取许多这方面的信息和知识。书末列举了部分参考资料,感兴趣的读者可以找来读一读,笔者也从这些资料中获取了大量的数据。但是,笔者尚未发现哪本图书与本书一样,认为辐射是携带能量的物质,其照射过程实际上是一个能量传递和交换的过程,并以此为出发点,讨论辐射的影响。在已出版的诸多图书中,主要叙述辐射产生的肉眼能够观察到的生物影响,而对那些肉眼观察不到的辐射效应则很少论及。

　　本书聚焦辐射的能量传递与交换过程,尤其是随着能量的大小不同,能量传递与交换机制会发生显著变化,从而使读者能够更加全面地理解辐射。书中内容可能不是那么简单易懂,笔者将尽力让读者能够对辐射形成一个正确的认知。

　　第1章大致介绍本书的主要内容。第2章至第8章对第1章的内容进行了更加详细、尽量通俗易懂的叙述,以帮助读者理解第1章的内容。即便如此,为了理解这些内容,仍需要读者具有高中及以上程度的数理化知识。读者可以先阅读第1章和第9章;第2章至第8章各自独立,读者可以根据所需进行选择,无需按顺序阅读。

　　第2章和第3章介绍辐射源。第4章叙述辐射对物质的影响,这些影响并不局限于生物影响,而是按照无机物(金属、共价结合键物质、离子结合键物质)、有机物和生物进行排序,以便读者能够对损伤和恢复有一个统一的认知。

第5章的内容是辐射防护。防护所需的辐射检测的内容汇总在第6章。第7章立足本书主题——辐射是一种携带能量的物质,介绍了一些对辐射携带的能量进行实际应用的事例。在日本,医疗领域中的辐射利用得到长足发展,由此产生的照射量已经占全年放射性照射剂量的一半以上。这方面已有大量的图书,本书不再涉及。

如第8章所述,辐射就是能量,或者说,辐射是一种携带能量的物质。辐射与地球的历史、生命的演化紧密相关。太阳能的利用就是辐射的利用,即通过太阳本身和地球大气,将对于人类来说危险(吓人)的高能量的辐射转换成能量较低的辐射。理解这一点十分重要。

希望通过阅读本书,读者能够认识到,辐射虽然吓人,但人类可以凭智慧对其进行控制、利用。从长期来看,应用核能或辐射能是全人类可持续发展的"正道"。太阳和地球已经实现了这一过程,人类也理应能够做到。当然,人类不应忘记的是,无论是什么能源,在进行大规模利用时,都会伴随着不小的风险,如废热和废弃物产生的大气污染、地球变暖等,这些问题常被称为公害(也有人认为不是公害而是"私害",说法不一)。

2017 年 12 月

目　　录

ix

第 1 章　携带能量的辐射

1.1　辐射可怕吗？

大部分人都会认为辐射"可怕"。表示"可怕"的日文汉字有两个："怖"（可怕）与"恐"（吓人）。有时也用日文汉字"强"（厉害），但没有人会觉得辐射"厉害"。本来"强"意味着"硬"，并由此产生"厉害"的意思，因为"厉害"，所以不想"靠近"。因此，"可怕""吓人""厉害"三个词从语源上说是相同的。但是，因为辐射的强度是用"强弱"来描述的，所以认为"厉害"的辐射"吓人"，也是很自然的。后文将会介绍辐射中的 X 射线，X 射线按照能量的高低，可以分为硬 X 射线、软 X 射线。"强"（厉害）的东西可以说成"硬"。因此，将辐射形容为"厉害"的东西，也是很自然的。

以上的内容似乎是在做语言游戏，但"吓人""可怕""厉害"这三个词对于理解辐射而言非常重要。"厉害"与"可怕"的区别很好理解，但是"吓人"与"可怕"的区别，即感觉差异，则会在是否理解辐射的差异中表现出来。在多数场合，"吓人"与"可怕"的意思相同。由日文辞典可知，"怖"表示主观上的恐怖，而"恐"表示客观上的恐怖。这样看来，对于多数人而言，辐射是不明物体，感觉到的是"恐"，因此"吓人"。虽然核能专业人士再三解释辐射很安全，但"吓人"的东西仍旧吓人，民众难以安心。故此，辐射一直维持着"吓人"的状态。

本书的目的在于让读者认识到，辐射虽然"吓人"，但并不"可怕"！

东京电力福岛第一核电站发生的不幸事故（以下简称"福岛核事故"），使得许多人流离失所。通过这一事件，辐射"可怕"的程度加深（事故本身不可否认，然而由辐射照射引起的直接影响却比较小，也算是不幸中的万幸）。事故让更多的人感受到辐射的"可怕"，从而希望废除核电站的意见也随之增多。实际上，在日本国内的核电站全部处于停止运行状态时，并没有出现电力不足的情况。然而，为了实现这一状态付出了巨大的努力，那些原先由核电负担的电力，大部分都改由火力发电来弥补。不管是煤炭火电，还是石油火电，从环境问题和能源问题的角度考量，它们并不令人满意，不过是迫不得已的选择。

虽然也有科学家认为，地球变暖未必是二氧化碳（CO_2）造成的，但近 20 年的全球平均气温上升之大，从地球历史上看也是异常的现象，因此不得不让人怀疑其元凶就是 CO_2。气温上升在未来或者近未来有可能成为极其"可怕"的事情，是不是因为能够采取相应的对策，所以人们才认为它并不那么"可怕"？当然，本书的目的不在于讨论如何获取能源，因此这些议论将在第 9 章进行简单介绍。

在福岛核事故中，人员都从高放射性场所迁移了出来（即避难）。这里的高放射性场所指的是因电视新闻报道而广为人知的辐射剂量当量（单位名称：希沃特，单位符号：Sv）或者吸收剂量（单位名称：戈瑞，单位符号：Gy）、吸收剂量率（单位时间内的 Gy 值，单位符号：Gy/s、Gy/h 或 Gy/y）的数值比较高的场所。Sv 和 Gy 的含义后文将会详细说明。避免辐射影响的有效方法：一是远离辐射源或具有放射性的物质；二是设置能屏蔽辐射的隔离层，不让辐射穿透出来。因此，采取避难的方式来避免受到照射，无疑是迫不得已的办法。什么程度的空间剂量率才是危险的？科学家们并没有给出确切的答案（并不存在一个阈值，从而可以认为高于这一阈值就危险，或者低于这一阈值就安全）。人们一般愿意选择概率意义上更加安全的数值，因此即使将超出必要的更低的空间剂量率定为安全标准，也不能说不对。然而值得深思的是，越是选择低的数值，越是容易增加人们对放射性的恐惧。

有报道说，存在一种误解——受到辐射的东西会产生"放射性"。这一误解通过人们无意之中的传播，竟成为从福岛避难出来的小孩受到欺凌的原因。根据这一误解，就像从别人那儿感染了流感病毒会导致自己生病感冒一样，认为受到辐射照射后的人也会具有放射性，并传播放射性，从而扩大辐射污染。如果人们了解辐射知识,那么就能明辨是非,马上认识到其中的错误。但是,对于那些不了解辐射知识的人,一旦他们接受了这一误解,以后再想改变就会十分困难。此外,那些误解已经形成并广泛扩散,引发的负面影响已经很难消除了。

有人认为,正确地理解辐射知识十分重要,只有在这个前提下,才能够科学地掌握处理辐射的方法。这一观点完全正确,但是问题在于,要正确地理解辐射知识,或者要判断是否真正地理解了这些知识,实际上是一件并不简单的事情。

如书末所列,至今已经出版了许多关于辐射的图书。在学术上,辐射生物学学者和研究人员正在讨论射线照射所产生的生物影响,并且正在研究射线照射导致的能够显现的(观察到的)生物影响,以及生物对这些影响的恢复能力等。当然,那些没有显现出来的影响无法进行研究,也不能成为研究课题。因此,辐射生物学方面的图书看得越多,辐射"吓人"的概念可能越发强烈。虽然"吓人"状态或许略微好过于"可怕"状态,但也可能会打消人们寻找解决方案的念头。

鉴于上述情况,本书旨在让读者能够认识到辐射虽然"吓人",但还是可以对其进行安全操作的,并不是那么"可怕"。

1.2　本书写了些什么?

在叙述辐射对物体的影响之前,首先要说明的是,辐射是一种携带能量的物质;照射指的是辐射携带的能量的一部分或全部传递到生物体上,能量的传递方式既会随着辐射源的种类或辐射强度的差异而改变,也会因吸收能量的生物体及其器官的不同而变化。本书将在此基础上,讨论辐射对物体和人体的影响,从而促进人们对辐射的理解。

不只限于人体,所有的物体在温度大于绝对零度时,都会与周围环境进行能量的传递和交换,从周围环境吸收辐射热或向周围环境辐射自身热,通过与空气等物质分子发生碰撞的形式,进行能量的传递和交换(热传导、热对流等)。在日常生活中,不乏应用辐射热吸收与释放的实例,如红外线加热器、体温测量仪等;另外,热传导的应用实例也不少,如利用热水进行加热、利用冷水进行冷却等。辐射是通过电磁波或粒子来携带能量,当它们与物体发生碰撞或入射到物体内,就会发生能量的传递和交换。"辐射的能量传递与交换"这句话可能会让一些人感到奇怪。高能量的射线进入物体时,会向物体传递能量,而低能量的射线进入物体时,射线会获得能量(即物体的加热与冷却)。本书中的"可怕的辐射"指的是具有高能量的射线,而照射是指人体暴露在辐射之中时获得能量的情况。

根据辐射的种类和其具有的能量和强度,以及与辐射相碰撞一侧的物体性质(无机物、有机物或生物)、密度、温度等,能量的传递与交换方式会发生显著变化。虽然都用同一个词"辐射",但是涉及的辐射的能量强度分布范围非常广,从高到低跨越 20 个数量级。在辐射影响中讨论的"可怕的辐射",是处在前 10 个数量级的高能量辐射,而处在后 10 个数量级的能量的传递与交换则对人体没有多大影响。

本节将从以下 4 点对辐射进行简单的介绍:

(1) 辐射是一种携带能量的物质。

(2) 辐射能量的高低或大小与辐射的强度(强弱)。

(3) 即使携带的能量相同,种类不同的辐射对物体传递能量的效果也可能会大不相同。

(4) 辐射时的物理量(单位)与辐射测量。

牢记以上几点并顺序阅读 1.1~1.3 节后,能量传递与交换的相关内容,如从物质释放出来的能量(从黑体辐射到射线释放)、宇宙与天然辐射、辐射的能量、放射性物质和人工放射性、辐射屏蔽等,理解起来就没有难度了。

1.2.1　辐射是一种携带能量的物质

一般来说,"可怕的辐射"只是辐射的一部分。辐射是一种携带能量的物质,与其说是辐射,倒不如说是一种能量量子束。从第 2 章开始,本书便不再称辐射,而改称能量量子束。携带能量的方式通常有两种:以粒子(原子、原子核、电子等)动能的方式和以电磁波(电场与磁场合在一起的波,也可称为光子)的方式。图1.1所示为粒子与电磁波的前进方向及其携带的能量。

从微小的物体(基本粒子)到如同地球一样的庞然大物,不论是什么物质,其平移运动的动能 ε、质量 m、平移运动的速度 v 三者之间都存在以下关系:

$$\varepsilon = \frac{1}{2}mv^2 \tag{1-1}$$

注:对于物质来说,除了平移运动的动能之外,其内部还具有各种形式的能量。这些内容将在后文中给予详细介绍。

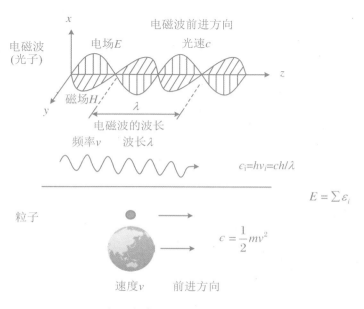

图 1.1 电磁波、粒子的前进方向和携带的能量

因粒子的大小、质量不同,构成不同,故其名称也完全不同。除了地球以外,还有人体这样的物体,分子或原子,基本粒子,辐射时的 α 粒子、β 粒子等不同物体,但是它们表达动能的公式都是一样的。

另外,电磁波携带的能量 ε 与其频率 ν 或波长 λ 之间的关系为

$$\varepsilon = h\nu = ch/\lambda \tag{1-2}$$

式中,h 为普朗克常数,其值为 6.626×10^{-34} J·s;c 为光速,其值为 $2.9979 \times$

10^8 m/s。ν 和 λ 分别为电磁波的频率和波长。无论什么波长值,电磁波携带的能量都可以用式 1-2 表示。

这里要确认一下能量的单位。常用的单位是卡(cal),但在物理学、化学中采用的国际标准单位是焦耳(J),高能量的粒子采用的单位是电子伏特(eV),三者之间的换算关系为

$$1\ \text{J} \approx 0.24\ \text{cal} \approx 6.24 \times 10^{18}\ \text{eV}$$

J 或 cal 与 eV 之间存在着巨大的数量级差别,这是因为 J 或 cal 涉及的物质是以摩尔(mol)为单位,即 6.022×10^{23} 个原子或分子(集合体)对应的能量,而 eV 对应的仅是一个粒子的能量。大家知道,在讨论化学能量时,使用的单位是 J/mol。另外,可通过摩尔气体常数(R)来表示物质的绝对温度(T)与能量(E)之间的关系

$$E = RT$$

式中,摩尔气体常数 $R = 8.3\ \text{J}/(\text{mol} \cdot \text{K}) \approx 1.38 \times 10^{-23}\ \text{J/K} \approx 8.6 \times 10^{-5}\ \text{eV/K}$。J/(mol·K) 表示的是 1 摩尔原子或分子的情况,而 J/K 与 eV/K 表示的是 1 个粒子的情况。因此,如果 1 个粒子的能量为 1 eV,那么由其组成的物质的温度为

$$1 \div (8.6 \times 10^{-5}) \approx 1.16 \times 10^4\ \text{K}$$

即约为 10000 ℃。通常,构成辐射的粒子或电磁波的能量都用 eV 表示。如后文所述,这种高能量的粒子或电磁波统称为量子,因此辐射也可以说是具有高能量的能量量子束。

电磁波因其携带的能量不同而有着不同的名称。表 1.1 所示为各种电磁波的名称、波长、频率和其携带的能量值。以携带的能量从大到小为序,它们分别称为 γ 射线、X 射线、紫外线、可见光、红外线、微波、无线电波等。历史上,人们对它们的研究是分别进行并逐步深化理解的。直到 20 世纪量子力学确立之后,人们才清楚地知道它们都属于电磁波,实质上都是携带能量的物质。在表 1.1 中,能量从大到小覆盖了约 20 个数量级。

辐射与能量

表 1.1　电磁波的名称、波长、频率和携带的能量值

能量	辐射类型	频率	波长	名称	用途
10 MeV				γ 射线	医疗
100 keV	电离辐射	3 EHz		X 射线	无损探伤, X 射线照片
1 keV		300 PHz	1 nm	紫外线	消毒
10 eV		3 PHz	100 nm	可见光	
0.1 eV		30 THz	10 μm		
10 meV		3 THz	100 μm	红外线	取暖机器
1 meV		300 GHz	1 mm	次毫米波	
0.1 meV		30 GHz	1 cm	毫米波	雷达
10 μeV	非电离辐射	3 GHz	10 cm	厘米波	卫星通信
1 μeV		300 MHz	1 m	极短波	电子微波炉
0.1 μeV		30 MHz	10 m	超短波	FM 广播, 电视广播
10 neV		3 MHz	100 m	短波	民间无线电, 短波广播
1 neV		300 kHz	1 km	中波	AM 广播, 业余无线电
0.1 neV		30 kHz	10 km	超长波	海上无线电
10 peV	电磁场	3 kHz	100 km	极低频波	长距离通信
0.1 peV		60 或 50 Hz	10 Mm	商用电气	

注：$1\ \mathrm{EHz}=10^{18}\ \mathrm{Hz}, 1\ \mathrm{PHz}=10^{15}\ \mathrm{Hz}, 1\ \mathrm{THz}=10^{12}\ \mathrm{Hz}, 1\ \mathrm{GHz}=10^{9}\ \mathrm{Hz}, 1\ \mathrm{MHz}=10^{6}\ \mathrm{Hz},$
$1\ \mathrm{kHz}=10^{3}\ \mathrm{Hz}。$

　　根据量子力学，在高能状态下，电磁波会呈现出粒子的性质，且粒子也会呈现出电磁波一样的性质。现在人们已经知道，两者之间还可以相互转化，因此称它们为量子。原子、电子、中子以及各种基本粒子，都是具有质量的量子。而电磁波则是没有质量的量子，统称为光子。辐射由大量的量子束构成，所以辐射又称为量子束。当量子的能量很高时，电磁波也能够作为量子（光子），可以一个一个加以区分或识别。1 个量子能够携带的最小能量为普朗克常数大小的能量 10^{-34} J（10^{-15} eV），而最大能量却没有上限。对于一般的"可怕的"辐射而言，其能量大约是 10^{-12} J（10 MeV）。实际上，即使相差 20 个数量级，量子携带的能量的计算公式也依然是相同的。但是，当能量太低时，则不可能一个一个进行识别。例如，在讨论水时，人们不会讨论一个一个的水分子。声音也是

通过波来传播的,在使用量子力学进行量子化处理后,人们称其为声子。但是,声子携带的能量非常小,一般小于 10^{-6} eV。本书只讨论辐射,不涉及声子。

1.2.2 所有的物理或化学现象都与能量有关

物理或化学现象一定伴随着能量的传递和交换,出现这些现象的空间、时间与能量的大小有关。从表 1.1 可知,因为携带的能量不同,所以电磁波表现出的物理现象完全不同。同样,由于能量不同,粒子引发的物理或化学现象也不相同。更重要的是,量子的能量越大,其运动的速度越大,能量传递与交换的时间也随之变短。图 1.2 所示为能量传递与交换时出现的物理或化学现象与量子能量大小的关系。

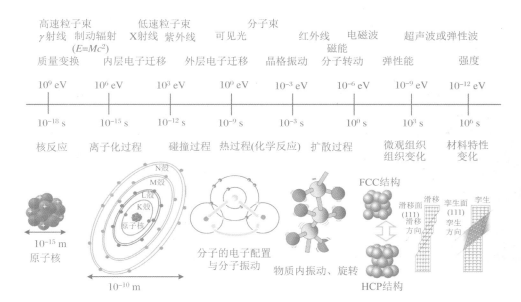

图 1.2　物理或化学现象与对应的能量传递、交换及其时间的关系

在物质中,中子与质子构成原子核(氢原子除外),在原子核的周围环绕有数量与核内质子数相等的电子,从而构成原子。原子最外层的电子相互作用,形成分子、共价结合化合物或其晶体。分子或分子之间通过吸引力形成分子性晶体。许多原子共同分享各自最外层的电子从而形成金属。有机物由相互之

间结合复杂的高分子构成。生命体则由更加复杂的分子结构(原子排列)构成。众所周知,细胞增殖所不可或缺的 DNA 具有双螺旋结构(见图 4.9)。这种结构非常脆弱,只要将 0.1 eV 左右的能量传递给双螺旋结构的分子中的某一部分,就会致其受损,甚至引发细胞死亡。通常,辐射(高能量量子)的密度非常低,直接与 DNA 发生碰撞的概率非常小。只要没有受到致死剂量的射线照射,就不会出现由细胞死亡导致的组织死亡现象。

在原子核中,将质子和中子结合在一起的核力的大小为 $10^6 \sim 10^9$ eV,这些原子核在发生破坏(核裂变)或相互结合(核聚变)时,多余的能量通常以辐射的形式被释放出来。另外,这些能量往往不是一次性地释放出来,而是先储存在原子核中,随着时间的推移逐渐释放出来。这就是放射性同位素的衰变过程。此时,释放的能量可以是 α 射线、β 射线或 γ 射线,即具有高能量的能量量子束。这些释放出来的能量量子束虽然对原子核没有什么直接影响,但会与原子或受缚于原子核的电子发生碰撞,从而向其传递能量。对于铀这样的具有许多电子的原子来说,由于正电荷非常大,原子内的电子束缚能量最大时可达 0.1 MeV (100 keV)。电子束缚能量最小时仅有几电子伏,此外,构成分子的原子之间的结合力也仅有几电子伏。能量量子束会与原子或电子反复发生碰撞,不断失去能量,直至其能量降到几电子伏。这里需要注意的是,原子之间一旦出现几电子伏的能量传递与交换就意味着发生化学反应。略大于这一数值的能量传递与交换能很容易地破坏化学结构,如果这一过程发生在人体内部,那么将是非常危险的。当能量量子束具备的能量大于这一数值时,它就成为前文中所说的"吓人"的辐射。电磁波(γ 射线、X 射线、紫外线)也是一样,如果电磁波具备的能量大于几电子伏,即波长小于紫外线的波长,那么就会成为"吓人"的辐射。

如果剩余的能量小于 1 eV,那么能量会传递给分子或晶体内原子的振动或旋转运动。分子或原子的振动或旋转运动反映该物质的温度,入射能量最终都会转变成物质的热量(物质的温度上升)。在失去能量的过程中生成的电子会获得能量,从而同样地又会将能量传递给其他电子,最终转变为热量。前面介绍过,如果构成物质的所有粒子都具有 1 eV 的能量,那么该物质的温度将会达到 10000 ℃。

换句话说,能量量子携带的高能量在传递到物质中后,经过各种能量转换过程,最终转变成热能(物质的温度上升)。当发生能量转换时,随着能量的降低,产生这一现象的空间(距离、体积)随之增大。此外,能量转换的时间也随之增加。因此,在图 1.2 的横轴上同时显示能量和时间(单位名称:秒)。在转变为热量时,随着入射的量子束的种类和能量不同,具有温度上升效应的那部分体积或质量的大小可以说完全不相同。由辐射的种类不同所引起的这一照射效应的不同,将在第 3 章中给予详细说明。

1.2.3　照射就是传递能量

从前文可知,物体受到辐射照射时,大量的能量量子(粒子或光子)入射到物体,量子具有的能量的一部分或全部传递到该物体上。量子携带的能量大小和量子数量的不同,因此向物体传递能量的方式会大不相同。这是导致辐射难以理解的原因之一。

"烫伤"发生的原因是,传递到人体表皮的能量所产生的热量(温度上升)足够大,从而杀伤了细胞;或者照射的电磁波(几电子伏的电磁波,与紫外线对应)足够多,从而破坏了表皮细胞的化学结构。

但是,比较受到少量的具有高动能的量子束照射与受到大量的具有低动能的量子束照射,虽然两者传递的能量有可能相同,但此时两者在物体中造成的影响却并不一定相同。例如,作为电磁波的 γ 射线,1 个光子的能量为 1 MeV 左右,若用单位焦耳表示的话,则为 1.6×10^{-13} J 左右;受到 1000 个 γ 射线光子照射时,传递的能量最大可达 1.6×10^{-10} J。另外,1 个可见光的光子能量为 10^{-19} J 左右,如果受到 10^9 个光子的照射,那么传递的能量就和 1000 个 γ 射线光子相同。但是,两者对于人体的照射影响完全不同。例如,对于 1 MeV 的 γ 射线光子,如果人体受到 10^6 个 γ 射线光子的照射(照射总能量为 10^6 MeV),那么就会显现出照射影响。而对于可见光来说,人体在受到 6×10^{12} 个能量为 11 eV 的光子的照射时,虽然总照射能量相同,但不会有任何照射影响。

因此,受到照射的量子数量或多或少(如前所述,1 MeV、10^6 个 γ 射线的光子与 1 eV、10^{12} 个可见光的光子的数量差)地反映了辐射(能量量子束)的强弱(强度),但两者携带的总能量是相同的(受照射的能量相同)。如果辐射(能量量子束)携带的能量大小不同的话,那么其照射结果就会完全不同。

辐射与能量

这里要提醒大家的是,如果紫外线的照射量过大,那么也会导致"烫伤"。对于能量稍大于可见光的紫外线来说,虽然其携带的能量远低于 γ 射线光子,但是如果入射的紫外线光子的数量很多(即受到了大量的紫外线照射),人整体上承受的能量增加,那么就不只会出现晒黑的效果,还有可能导致紫外线"烫伤"。同理,即使是能量低于可见光的红外线,如果照射量过多,那么也会导致"烫伤"。这些就是辐射强度(单位时间内入射的能量)增加所引发的现象。

一般来说,携带能量低的红外线、微波、无线电波等,若不是强度特别高(量子数特别多),则不会对生物体造成影响。但是,γ 射线或 X 射线能够在局部传递很大的能量,容易对生物体造成影响(关于局部传递能量的问题,将在 1.2.6 小节中详述)。这种容易给生物体带来影响的辐射就是"可怕的辐射"。

需要再次重复的是,在考虑辐射对生物体的影响(照射效应)时,不应将辐射(能量量子)携带能量大小的问题与辐射强度(即构成辐射的量子的数量多少)问题分开考虑。另外,不同光子能量(γ 射线、X 射线、紫外线、可见光、红外线)的照射效应差异很大。同理,当辐射是粒子时,若粒子的种类(α 射线、β 射线、重粒子)和携带的能量不同,则其照射效应的差异也很大。这一点将在 1.2.6 小节中通过公式加以介绍。

1.2.4 不同种类的辐射,即使携带的能量相同,给予物体的能量也大不相同

当生物体受到辐射照射时,辐射的量子携带的能量的一部分或全部传递到生物体上。这是本书的主题之一。从生物体的角度看,这是一个有关能量吸收的问题,因此人们将辐射照射传递给单位质量生物体的能量定义为吸收剂量。吸收剂量本来应该采用单位 J/kg,但在辐射领域采用专门的单位戈瑞(Gy),即将向 1 千克物质传递 1 焦耳能量专门定义为 1 戈瑞(1 Gy = 1 J/kg)。另外,将单位时间内的吸收剂量定义为吸收剂量率。根据时间尺度(秒、小时、年)的不同,吸收剂量率的单位又分为 Gy/s、Gy/h 或 Gy/y 等。因为 1 Gy = 1 J/kg,所以吸收剂量率的单位是 J/(kg·s);又因为 J/s 与功率(W)的单位相同,所以吸收剂量率也可以用 W/kg 表示。一定要牢记吸收剂量(能量)与吸收剂量率(功

率)的区别。

由于量子的种类和受照射物质的种类不同,物质吸收的能量(吸收剂量)也会有很大不同。尤其是在研究量子的能量传递对人体的影响时,要根据量子束的种类及其能量,引入不同的辐射权重因子(W_R),对剂量进行修正,得到剂量当量,并采用单位希沃特(Sv)来表示这种剂量当量,以评价照射量。另外,因为器官类型不同,其能量吸收方式也不同,所以针对人体各组织分别引入辐射影响的辐射权重系数,对各个组织的差别进行修正。剂量当量和辐射影响的辐射权重系数都是本书重要的主题,后文将会给予详细说明。对于人体而言,Sv 的数值与 Gy 的数值不会出现几个数量级的差别,所以笔者认为,一般在讨论辐射影响时,可以采用吸收能量 Gy 表示。这一点将在 1.2.6 小节和第 2 章中给予详细说明。

1.2.5 讨论辐射时使用的物理量(单位)与辐射测量

1. 辐射携带的能量和单位时间内携带的能量

辐射测量指的是对单位时间内进入探测器的辐射的量子数量(计数)、每个量子具有的能量的分布、单位时间内所有量子携带的能量(功率)等三项中的一项或多项进行测量。如果能够测定每个量子具有的能量的分布,那么对其求和后,就可得到总能量。若换算为单位时间内的数据,则得到功率。

下面对有关辐射的物理量或者表示辐射源、辐射能的物理量进行一下梳理。辐射是具有能量的量子束。如前所述,单个量子具有的能量可以用焦耳(J)或电子伏特(eV)表示。量子与物体发生碰撞时,携带的一部分或全部的能量传递给物体(或被物体吸收)。如果再考虑单位时间,那么这就是单位时间内传递和交换的能量,即可使用 J/s 或 W 表示的功率。这里表示能量传递与交换的功率实际上与电力功率(W)完全相同,只不过在涉及辐射时人们一般不采用"功率"这一说法。辐射照射指的是物体受到能量流(功率)的照射,辐射传递的能量随着时间的增加而增加。在电力中,能量一般用瓦时(Wh)表示,如果以秒(s)为时间单位,那么瓦秒(Ws)就是焦耳(J)。

当然,单个量子具有的能量,即使是"可怕的"辐射,也只有 10^{-13} J 左右。

通常情况下,利用辐射探测器对大家周围的环境进行探测时,进入探测器的量子数(计数值)肯定不会超过每秒 10 次(10 cps)。也就是说,到达探测器的量子数只有每分钟 100 个左右。因此,它们携带的功率是 10^{-12} W 左右。普通的红外线加热器释放的功率为每平方厘米数瓦(W/cm^2),在距离它 10 cm 的地方,大概为 10^{-2} W/cm^2(或 100 W/m^2)。看到这个数值,自然让人怀疑辐射是否真的"可怕"。

实际上,问题的关键在于接受这些能量的面积是多少。能量量子的尺寸小于 1 nm(1 nm = 10^{-9} m)。如果具有 10^{-14} J 能量的量子以 1 个/s 的速率进入半径为 1 nm 的圆圈内并传递能量,那么单位面积的功率为

$$10^{-14} \div (3 \times 10^{-18})(\text{圆面积,估值}) \approx 3 \times 10^4 \ \text{W/m}^2$$

与红外线加热器的功率数百 W/m^2 相比,要大 100 倍。如此大的功率传递给 3×10^{-18} m^2 的超微小面积上,这才是辐射之所以可怕的原因。即使受到辐射照射,如果这些照射能量散布在很大的范围,那么这样的功率就不会引起任何问题。然而,实际上却是在局部区域传递了很大的功率,因此很容易破坏生物体的细胞。

作为一个实际问题,假如入射量子的计数值等于 100 cps/m^2(此时的空间剂量率相当于 1 μSv 左右),那么其影响的面积约为

$$100 \times 3 \times 10^{-18}(\text{圆面积,估值}) = 3 \times 10^{-16} \ \text{m}^2$$

研究认为,能够对人体产生影响的照射量为 1 Sv,是 1 μSv 的 10^6 倍,即使是这一大小的照射剂量,实际上承受量子照射的面积也只有 3×10^{-10} m^2,相当于直径约 20 μm 的圆。因此,量子在人体的深度方向也会传递能量,如同一根直径 20 μm 左右的针穿刺人体,可能造成局部疼痛。遗憾的是,人虽然可以感觉到针刺的疼痛,却无法感觉到量子照射时的疼痛。这正是"看不见、摸不到"的辐射。

辐射照射不是像水压那样均匀地传递功率或能量,而是不均匀地传递,会在极其微小的范围内传递大量的功率或能量。因此大家便可以理解,如果能量量子的入射位置不同,那么其影响很可能不一样。如果不幸地照射到重要的器官,那么会出现大麻烦。反之,如果只照射到手指或脚趾,那么对人体可能就不会造成大的影响。因此,在低剂量率的照射情况下,实际传递能量的区域仅在

局部小范围,如果该区域的组织形态不同,那么照射影响也会大不相同。随着照射剂量率的增加,照射区域也将扩大。不管怎样,照射剂量达到1 Sv 左右后,就会产生明显的照射影响。

注:在此说明一下,在上述计算中,为了便于理解,采用的是概算值。随着量子的种类、能量、受照射的物体不同,照射剂量率也会随之变化,因此这些概算值有可能出现一个数量级左右的误差。

2. 剂量与剂量当量

由于受到构成辐射的能量量子的照射,这些量子携带的能量的一部分或全部会传递到生物体上。本书的另一主题就是解释这些能量是如何进行传递与交换的。如前文所述,并不是所有的量子能量都会传递给物体。此外,能量的传递方式也会随着量子的种类、能量大小以及接受照射物体的性质的不同而大不相同。从接受照射物体的角度来说,它是被赋予了能量或吸收了能量,因此将辐射照射传递给单位质量人体的能量作为评价照射程度的指标。在辐射领域,将吸收能量称为吸收剂量,其单位是焦耳/千克(J/kg)。在处理辐射问题时,将向1千克物质传递1焦耳能量专门定义为1戈瑞(Gy)。

再次重申,人体的吸收剂量随着量子的种类、能量的不同而不相同。根据量子的种类、能量,分别引入不同的辐射权重因子(W_R),从而将吸收剂量(Gy)转换成剂量当量(Sv),以评估照射的程度。另外,器官的类型不同,能量的吸收方式也不相同。因此,针对不同的人体部位还分别引入辐射影响的辐射权重系数,以对各组织的差别进行修正。剂量当量和辐射影响的辐射权重系数都是本书重点阐述的内容,将在第2章加以详细叙述。

通过描述辐射照射产生的能量吸收量,尤其是采用吸收剂量(Gy)进行这一描述,可以进一步明确辐射照射就是传递能量或吸收能量这一事实。然而,笔者担心的是,这反而会使人觉得照射是来自一些莫名其妙的东西。另外,在研究辐射及其对生物影响的过程中,将照射的剂量换算成剂量当量是必然的选择,然而这样一来,有可能会影响辐射的本质——能量的吸收释放,从而引起混乱和误解。也许更好的方法是,不采用剂量当量,而是在确定辐射的量子种类的基础上,测定或计算其产生的吸收能量(Gy),再叠加上器官的差异影响。实际上,在简单的辐射测量中,很容易进行计数率的测定,但却非常难以确定量子的种类及其能量分布。现在,在简易剂量计的安装程序里,先假定量子种类为

γ射线，再通过计数率来计算剂量当量。因此，希望大家在使用这些数据时，能够正确理解 Sv 的意义。这些内容将在第 6 章中再次讨论。

3. 构成辐射的能量量子数量

接下来，介绍构成辐射的能量量子数量。辐射测量指的是测定进入探测器的能量量子的种类、数量，以及这些量子携带的能量。通常，使用每秒钟的计数率（counts per second，cps）或每分钟的计数率（counts per minute，cpm）来表示检测到的量子数量，即探测器在 1 s 内或 1 min 内探测到多少个量子。

一般来说，从辐射源出来的能量量子是朝着四面八方（全方位）释放的。结合探测器的几何形状，将其修正为全方位的数值，就可以得到单位时间内从辐射束源释放出来的量子数量。通常使用单位贝可勒尔（Bq）来表示单位时间内从辐射束源释放出来的量子数量（decay per second，dps）。辐射束源的强度又称为放射性活度，可通过单位质量（Bq/kg）或单位体积（Bq/m^3）来表示。

当辐射束源为放射性同位素时，其向各方向释放的量子数量相同。但对于人工放射性产生装置而言，或者存在多个束源时，在不同方位检测到的量子数并不相同。此时，使用 Bq 表示在需要探测的空间中测定到的单位时间内的量子数量，即用 Bq/m^2 表示在单位面积内每秒钟注入或通过的量子数量。

这里要注意的是，考虑到从束源释放的辐射所通过的空间效应、承受一侧的面积等因素，束源的强度（Bq/kg 或 Bq/m^3）与承受一侧的吸收剂量（Bq/m^2）是不一样的。

1.2.6　辐射能量的大小或高低与辐射强度

在讨论辐射时，经常出现的使用混乱的词是"大小""高低"和"强弱"。大家应该听说过"高能物理"，知道这里的能量高或低对应的是能量数值的大或小，"高"与"大"或"低"与"小"是同义词，指数值的大与小。在讨论辐射时，辐射的能量用"大""小"或"高""低"表示，而辐射的强度则用"强""弱"表示。

辐射是由携带能量的量子（能量量子）构成的。辐射照射指的是因能量量子束的照射而导致的传递能量的过程。因此，希望大家关注能量量子束（辐射）的数量和其携带的能量。由于没有使用公式进行说明，可能大家理解得还不深刻。前文中已经介绍了公式中需要的所有物理量,下面将利用数学公式对之前的讨论进行梳理。内容虽有所重复,但希望能够加深大家对相关知识的理解。

辐射影响指的是能量量子将其携带的能量传递给物体,并在该物体内引发某种变化。第 2 章将会详细地介绍对物体传递能量的过程。这里只介绍在最初过程中,能量量子向物体注入的能量或功率,以帮助大家理解"辐射能量的大小或高低与辐射强度"。

基于式 1-1 和式 1-2,如果存在大量的能量量子,根据它们是粒子或光子,那么其具有(携带)的能量的总和(总能量)E 可以表示为

$$E = \sum_{i,j} \frac{1}{2} m_i v_j^2 \quad \text{或} \quad E = \sum_i h\nu_i = \sum_i \frac{ch}{\lambda_i} \tag{1-3}$$

当量子为粒子时,不同质量的粒子(i 表示不同粒子)具有各自不同的速度。与此对应,当量子为光子时,不同的光子的频率不同。当速度 v 或频率 ν 很大时,辐射携带的能量会很大;当速度 v 或频率 ν 很小时,如果量子的数量很多,那么辐射的能量也可以很大。量子具有的能量大小(高低)与辐射强度的强弱之间的区别可以通过公式清楚地表示出来,但如果只说辐射携带的总能量,那么就弄不清楚这一区别。

通常情况下,量子的种类可以确定,因此其携带的能量可以表示为

$$\varepsilon_j = \frac{1}{2} m v_j^2 \quad \text{或} \quad \varepsilon_i = h\nu_i \tag{1-4}$$

下面分两种情况来讨论能量量子束源。

1. 能量量子束源为空间均匀分布

假如所有能量量子的空间分布都遵守单位体积 $n(\varepsilon)$ 表示的能量分布 [个/(m³·J)],那么所有量子携带的总能量为

$$E = \int \varepsilon \times n(\varepsilon) \mathrm{d}\varepsilon \tag{1-5}$$

这里应注意 $n(\varepsilon)$ 的单位。在能量分布坐标系中,横轴表示能量,纵轴表示与该能量对应的量子数量。在全能量区间将所有的量子数加起来,得到的全量子数为

辐射与能量

$$N_0 = \int n(\varepsilon)\mathrm{d}\varepsilon \qquad (1\text{-}6)$$

与式 1-5 一样，$n(\varepsilon)$ 的单位是个/($m^3 \cdot$ J)。

如果能量量子束源在围绕物体的空间中均匀分布，那么单位时间内进入该物体的能量由式 1-5 给定。该能量（J/m^3）除以密度（kg/m^3）后，与吸收剂量（J/kg）的单位相同。当然，不可能全部的能量都被物体吸收。如果知道了吸收的能量，那么就可以得出吸收能量，即吸收剂量或照射剂量。在第 6 章介绍的袖珍剂量计中，以人体照射为前提，修正该吸收系数后，显示出来的是空间剂量（Gy）或空间剂量当量（Sv）。换算成单位时间值后，得到 Gy/s、Gy/h 或 Gy/y，以及 Sv/s、Sv/h 或 Sv/y。应注意的是，袖珍剂量计一般显示的是积分剂量，而在通常情况下，射线探测器显示的是单位时间内的计数率或剂量率。

2. 能量量子束源具有有限体积

空间中的天然辐射是均匀分布的，而平时的辐射照射则是由体积有限的能量量子束源生成的。因此，需要考虑能量量子束的传播方向，即能量量子束是从哪个方向过来的。换句话说，在研究由照射传递给物质的能量时，应关注的是在单位时间内有多少能量入射到物质中，其中又有多少能量被物质吸收。

上述的 $n(\varepsilon)$ 指的是单位体积内存在的量子数的能量分布。另外，单位面积内入射的能量量子的数量称为通量（束流量），其能量分布的表达式一般为 $\varphi(\varepsilon)$［个/(J $\cdot$ m^2 $\cdot$ s)］。通量的积分值为

$$\Phi_0 = \int \varphi(\varepsilon)\mathrm{d}\varepsilon \qquad (1\text{-}7)$$

式中，Φ_0 指的是单位面积内入射的能量量子的总数量，相当于 Bq/m^2。

通量为 $\varphi(\varepsilon)$ 的能量量子束在单位面积、单位时间内注入的能量为

$$P = \int \varepsilon \times \varphi(\varepsilon)\mathrm{d}\varepsilon \qquad (1\text{-}8)$$

式中，P 的单位是 J/($m^2 \cdot$ s)。若用功率的单位 W 替换 J/s，则 P 的单位可表示为 W/m^2。

举个最简单的例子，如果 N_0 个能量量子均具有能量 ε_0，当它们入射到单位

面积上时,单位时间内传递的功率就是 $\varepsilon_0 \cdot N_0 (\mathrm{W/m^2})$。

能量量子束照射时,产生一个功率,随着时间积分,其成为能量。其中的一部分能量被物质吸收,形成吸收剂量率(Gy/s)、吸收剂量(Gy)。如果单个量子的能量大或入射的通量高,则意味着它的入射功率大。但是,如果各个量子携带的能量大小不一样,则照射的影响就会发生变化。

注:可以利用式1-8来区分能量量子携带的能量 ε 的大小(高低)与量子通量 $\varphi(\varepsilon)$ 的多少(高低)。在"高低""大小"和"强弱"这三个词中,用哪个来表示数值的大小关系,并没有严格的规定。

作为结果,输入功率的大小虽然可以确定,但是在讨论能量量子束的照射(传递能量或功率)影响时,如果用能量或功率进行比较,则还是要引起特别的注意。由上可知,虽然受到相同的能量或功率的照射,如果单个量子携带的能量不同,则其影响也会不同。另外,即使照射剂量(总吸收剂量)相同,低功率的剂量率下的长时间照射与高功率的剂量率下的短时间照射相比,两者的照射影响也是不一样的。从吸收剂量(Gy)换算成剂量当量(Sv)的原因在于,能量量子的种类和其携带的能量大小不同,由此产生的照射效应也不同。

这里再次对以上论述作一个总结:

首先,使用 Bq 表示从能量量子束源释放出来、单位时间内的能量量子的数量,假设从束源出来的总释放量为 N_{Source} Bq(按照半衰期,放射性同位素释放的辐射随着时间的增加而逐渐减少,但在短时间内可以认为是一个定值);其次,释放的量子的能量 ε 不一定是常数,而是遵从一个能量分布函数 $n_{\mathrm{Source}}(\varepsilon)$。此时,根据式1-6,两者之间的关系为

$$N_{\mathrm{Source}} = \int n_{\mathrm{Source}}(\varepsilon)\mathrm{d}\varepsilon \tag{1-9}$$

同时,根据式1-5,释放的总能量为

$$E_{\mathrm{Total}} = \int \varepsilon n_{\mathrm{Source}}(\varepsilon)\mathrm{d}\varepsilon \tag{1-10}$$

另外,被该量子束照射的物体(主要是人),其承受的量子数也可用 Bq 表示。假如单位时间、单位面积内承受的量子数(通量)为 $\varphi_{\mathrm{Target}}(\varepsilon)$,与式1-7一样,

辐射与能量

$$\Phi_{\text{Target}} = \int \varphi_{\text{Target}}(\varepsilon) \, d\varepsilon \qquad (1\text{-}11)$$

进入物体的功率为

$$P_{\text{Target}} = \int \varepsilon \varphi_{\text{Target}}(\varepsilon) \, d\varepsilon \qquad (1\text{-}12)$$

若这些功率被质量为 M kg 的物体全部吸收,则吸收剂量率为 $P_{\text{Target}}/M(\text{Gy/s})$;若只有一部分功率被吸收,则引入吸收系数 k,吸收剂量率 P_{Absorbed} 为

$$P_{\text{Absorbed}} = k \times P_{\text{Target}} \div M \qquad (1\text{-}13)$$

此时的问题在于从束源释放的功率(能量)与到达物体的功率(能量)之间的关系。能量量子束与物体之间存在着空间(当两者没有密切接触时),根据束源和物体的几何形状与配置,以及释放的能量量子通过的空间由何种物质充填等不同情况,束源传递给物体的功率是不一样的。另外,P_{Absorbed} 与量子进入物体之后的吸收系数 k 也有关系。加上这些修正后,就可以将照射剂量转换成吸收剂量,并进一步转换成剂量当量。束源和被照射物体之间的几何学关系将在 2.2 节中给予详细介绍。

1.3 从物质中释放出来的能量(从黑体辐射到辐射释放)

1859 年,基尔霍夫(Kirchhoff)发现,即使是黑体(不释放可见光的黑色物体)在高温下也会释放红外线。这一现象称为"辐射"(Radiation)。1900 年,普朗克(Planck)提出了辐射光与温度的关系式(普朗克分布),并称之为黑体辐射。图 1.3 所示为黑体辐射释放的光的波长分布与温度之间的关系(普朗克分布)。当物体温度低于 5000 ℃时,其释放的光的波长都是连续分布的,物质的温度越高,释放的光的波长越短。实际上,释放的光的波长与强度的变化关系因物质的不同而不同。只要物体的温度高于绝对零度,就一定会产生辐射。因

此,在国际机场的入境处,通过检测这种辐射就能够检测出体温高(可能生病)的人。人的体温之所以能保持在一定的温度,就是因为体内的碳水化合物等燃烧(也称代谢)产生的能量与从外部进入的总能量、身体辐射出去的全部能量之间,维持着一个平衡状态。如果进行激烈运动,代谢增加,那么产生的能量就会增大。此时通过发汗过程(汗蒸发会带走蒸发热)使体温降低(以达到能量吸收与释放之间的平衡)。众所周知,如果不能保持这一平衡状态,冷却不充分,那么就会导致中暑等后果。

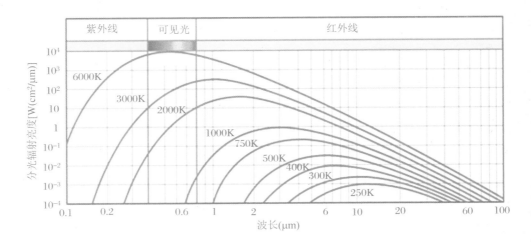

图 1.3 黑体辐射释放的光的波长分布与温度之间的关系

地球既从太阳那获得能量,同时也向宇宙空间释放能量。有一点希望大家不要弄错,虽然空间站的宇航员看到的地球是蓝色的(所以地球被称为"Blue Planet"),但这并不是地球向宇宙释放的辐射的颜色。地球之所以呈现蓝色,不是地球表面的辐射造成的,而是因为太阳光的一部分(主要是蓝光)在地球的上空被反射。地表释放的光与 −17 ℃左右的物体释放的红外线、远红外线大致相同。如果没有向宇宙释放这一辐射,那么地球就会渐渐变暖。地球变暖指的就是受温室效应气体影响,使得该辐射的一部分无法释放出去,从而造成变暖的结果。

在图 1.4(a)中,浅灰色部分为大气层外光的波长分布,浓灰色部分为地表的光波长分布。大家知道,太阳的表面温度是 5750 ℃,这是因为太阳辐射的波长分布与 5750 ℃的黑体辐射的波长分布基本相同。图 1.4(b)中的浓灰色部分

辐射与能量

为地球的向外辐射,其波长分布与浅灰色表示的 $-17\,℃$(250 K)左右的黑体辐射相似。地球通过吸收太阳能量和向宇宙释放能量,使其平均温度保持在 $-17\,℃$ 左右。

　　注:在地球附近存在一个温度分布,地表附近的温度为 $20\,℃$ 左右,而 10000 米高空的温度则为 $-40\,℃$ 左右,$-17\,℃$ 只是根据能量收支计算出的地球的平均温度。

　　大气中含有各种气体。在图 1.4(b)中,各种气体吸收的光的波长分别是一定的。这样,到达地表的光的波长分布就会错乱,辐射的波长也会错乱。再加上水、氧气(O_2)、氮气(N_2)等的影响,尤其是 CO_2 的吸收值刚好处于辐射光强度最大的波长附近,随着大气中 CO_2 的含量增加,会抑制地球的辐射,导致地球变暖。

　　达到 10000 ℃ 左右后,光的波长会变得非常短,眼睛看不见的紫外线开始增加。同时,光的波长分布也变得不再连续,特别是不同物质释放的光的波长会完全不同。如果温度进一步上升,那么原来被原子捕捉的电子会脱离开来,成为等离子体状态。到达这种状态后,所有的粒子都具有巨大的能量,一旦它们从等离子体中逃离出来,自身就会成为"辐射"(射线)。辐射就是处于高温或高能状态下的物质释放(辐射)的能量,除此之外不可能是其他东西。

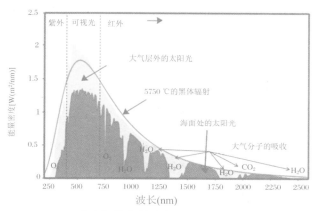

(a) 来自太阳的入射功率 $17.3×10^{16}$ W (99%)

图 1.4　地球的功率(能量)平衡

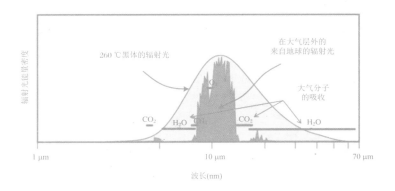

(b) 红外、远红外的辐射功率12.1×10^{16} W (70%)

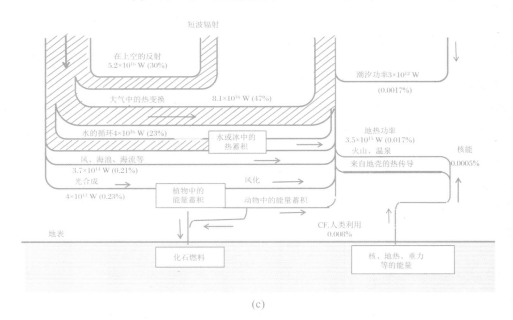

(c)

图 1.4　地球的功率(能量)平衡(续)

注:图1.4(a)为太阳光的波长分布(大部分为可见光),图1.4(b)为地球释放的光的波长分布(大部分为红外线)。如果两者之间出现不平衡(尤其是温室气体的影响),那么将导致地球变暖或变冷。

实际上,从地球能量的平衡状况可以联想到受射线照射时的能量收支情况。如前所述,照射就是从高能量子获得能量,这些能量最终转变为热能。对于人类来说,这些热量又通过辐射热或者体液的热量释放出去(因为从辐射获得的总能量太小,所以不可能测量出排出的废热)。辐射的能量比太阳的紫外

辐射与能量

线或可见光的能量要高得多,这种高能在转变为热能之前所经历的能量转换过程,与利用太阳能时的能量转换过程并不一样。这种能量转换过程才是显现出来的辐射影响。

强辐射束源会释放大量的能量。如果将辐射束封闭在某种物体内,那么其能量就会转变为热量。那些储存在冷却水池中的使用后的反应堆核燃料里面,含有大量的作为核裂变产物的放射性同位素,它们一直在释放能量,所以不能停止冷却。大家一定清楚地记得,在福岛核事故中,因储存乏燃料的冷却水池缺水而引发的轩然大波。

另外,可以利用放射性同位素的发热来发电。人造卫星就是使用这种电池(称为放射性电池)。在这一发电过程中,既不需要补充燃料,也不需要 O_2 来维持燃烧反应。

那些不具有额外能量的同位素称为稳定同位素。放射性同位素释放的能量量子束的能量与该同位素最初处于什么状态有关。换句话说,不同的同位素释放不同的能量。此外,放射性同位素内部拥有的能量终归是有限的,不可能永远不停地释放能量,最终都会成为稳定同位素。同一种放射性同位素释放一半的总能量所需要的时间是一定的,与最初的元素数量无关,这个时间被称为半衰期。不同的放射性元素具有不同的半衰期。

人为地使粒子处于高能状态,就可以制造出人工放射性。在粒子加速器中,利用电磁场对离子进行加速(施加能量),可得到高速离子。它就是辐射束。在电子显微镜中,人们利用电场对电子进行加速,人为地制造出一种辐射束——β射线,从而通过对其进行控制来实现应用目的。近年来,此方面的研究进展迅速,利用加速器人为地制造出辐射束,并使其从相反方向进行碰撞,可以制造出新的人造元素。元素镓(Nihonium,Nh)就是这样被创造出来的。

可以通过电场或磁场来控制电子或离子(加速、减速或改变其前进方向),但要控制高能的光(γ射线)则极为困难。这也是辐射"可怕"的原因之一。有关辐射利用的内容将在第 7 章中加以介绍。

1.4　宇宙与天然辐射

宇宙中充满辐射。生物能够在地球这一具有适生环境的星球中生存,是件非常幸运的事。

太阳通过内部的核聚变反应向外释放能量,它是人类附近最大的辐射束源。太阳内部的核聚变反应产生的能量在太阳表面以辐射的形式释放。该辐射的能量分布范围很广,最大为 1 MeV(10^7 eV)左右,最小为 0。顺便说一下,收音机的电磁波能量只有 10^{-6} eV 左右。

能量高于数 eV 的辐射(能量量子)对于生命来说是非常危险的。幸运的是,携带非常高能量的能量量子束在太阳内部就会失去它的能量,从而不能到达太阳表面,到达地球的辐射部分与 5750 ℃ 的黑体辐射的光大致相同。因此,到达地表的部分主要是 1~5 eV 的可见光,以及虽然无法直接看见,但是可以感知的 10^{-3}~1 eV 的红外线。

地球内部仍遗留着地球诞生时就存在的放射性同位素,还有来自地球内部高压引发的核裂变反应和核聚变反应。不过,这些高能的量子束受到了地壳的屏蔽。

虽然人类一直在地球以外的宇宙中寻找存在生命体的星体,但是至今尚未发现确定有生命体存在的星体,地球无疑是一个罕见的存在。去月球或火星旅行一直是人类的一个梦想,但现实的问题是,宇航服不仅要密封保温,还要屏蔽辐射。有人甚至认为,人类到达火星的关键就取决于能否降低辐射照射。

地球表面也不是完全没有辐射危险。表 1.2 比较了地表各处的天然辐射的空间剂量率。虽然有些地方的空间剂量率超过了安全标准规定的 1 mSv/y(日本标准),但尚未听说哪个地方出现过特别大的危害。

表 1.2　地表各处的天然辐射的空间剂量率

特别高的国家和地区	空间剂量率(mSv/y)	
	平均	最大
挪威	0.63	10.5
中国	0.54	3.0
德国	0.48	3.8
日本	0.43	1.26
美国	0.40	0.88
伊朗(拉姆萨尔)	10.2	260
巴西(瓜拉帕里)	5.5	35
印度(卡伦纳嘎帕利)	3.8	35

　　由于来自太阳的入射功率与地球的热释放功率之间的平衡,使地球基本保持在一定的温度。最近数年间,地球虽然变暖非常显著,但是以百万年为单位的长时间尺度(地球诞生于 46 亿年前)来衡量,它一直在失去诞生初期所具有的能量,逐渐地变冷。据说,因为地球内部存在放射性同位素所释放的辐射(衰变热),所以这种冷却速度在逐渐变慢。在放射性同位素中,地球诞生时就存在的放射性同位素有 ^{40}K、^{87}Rb、^{147}Sm、^{176}Lu、^{187}Re 等,它们的半衰期非常长,所以至今依然能够存在。

　　在太古时代的地球,从地球诞生初期到出现生命为止,O_2 浓度很低,臭氧对紫外线等能量的吸收很少。与现在的地面相比,那时不但由紫外线导致的高能辐射强度高,而且地球的温度也高,因此生命很难存在。原始生命在海水中诞生并得以延续的原因应该是海水屏蔽了宇宙辐射。另外,辐射确实给生命的进化过程带来了影响。相较于"进化",目前更常见的说法是某种原因使得基因发生变化,令那些适应环境的生命体得以生存下来。这里的"某种原因"就包括辐射,第 8 章将更加详细地介绍这部分内容。

　　有一种活灵活现的说法认为:"人类在进化过程中,曾受到过恐龙等爬行类动物的威胁,因此对蛇有一种本能的害怕。"客观地看,爬行类动物确实有点可怕。辐射的"可怕"可能就像感到蛇的"可怕"一样,更多的是主观感觉在起作用。

接着分析一下来自太阳的能量或功率。由图 1.4 可知,因为来自太阳的以可见光为主的入射功率与地球发出的以红外线为主的释放功率之间基本保持平衡,所以地表大致维持在一定的温度。在地球上空,太阳的入射能量在单位时间单位面积内大约为 340 W/m^2。在地表处,高能危险的太阳辐射受到大气的吸收(屏蔽),剩余的可见光(能量为 1~5 eV 的辐射)入射的平均能量大约为 240 W/m^2。

太阳给予地表的功率与人类日常生活所消耗的功率基本相等。细想起来这似乎是非常正常的,为什么这样说呢? 假如太阳的功率太大,那么地球会越来越热,不冷却人类就无法生存。人消费能量,剩余的能量作为热量排出,因此需要冷却,冷却跟不上,人就会中暑。反之,若太阳的功率太小,则人就会冷得受不了。如果来自太阳的功率与人类消耗的功率之间相差太大,那么人类的生活就无法维持,所以来自太阳的功率稍有变化,对于人类来说,就会有明显的寒暑差异。

说点题外话。如果在地表处设置能量转换效率为 10% 的太阳能电池,那么每平方米可以得到数十瓦的电力。大家都知道,安装在自行车上的发电机可以点亮数瓦的小灯泡。现在使用的发光二极管(LED),即使只有数瓦的功率,也能获得不错的亮度。人类在拼命干活时,能够产生 100 W 左右的功率,若按照 10% 的转换效率,则可得到 10 W 左右的电力。

如果能够避开危险,巧妙地进行能量转换,那么危险的辐射能量也可以成为对人类有用的能源。核反应堆就是用来将核裂变产生的危险的辐射能量转变为电力。受到"在地球上建一个太阳"的口号的鼓舞,人类一直在研究核聚变反应堆,从而利用核聚变反应,但是至今尚未实现这一目标。

1.5　物理或化学现象与能量的关系

如表 1.1 所示,作为辐射的电磁波的能量值差异很大,跨越了 20 个数量级。在图 1.2 中,任何的物理或化学现象都与能量的传递有关。并且随着能量

辐射与能量

增大，携带该能量的量子的速度也会增加，因此伴随着大能量传递的物理现象的发生时间变得非常短。图 1.2 的横轴既表示了能量的大小，也标记出发生这些物理现象的时间尺度。

宇宙的能量来自大爆炸。从理论上估计，该能量的大小似乎有 10^{70} J 或 10^{90} eV。先将这一艰深的话题放一边，在太阳中，每 4 个氢原子发生一次核聚变反应，释放出 27 MeV 的能量，这一核聚变反应始终在进行中。由图 1.2 可知，该聚变反应需要的时间大致为 10^{-17} s。此时释放的能量由核聚变反应的产物氦（He）和 γ 射线来携带。接着，它们又将周围物质的原子中被束缚的电子释放出来（该过程称为原子的离子化，后文会讨论辐射的电离作用）。此时，能量传递在 keV 级，反应时间约为 10^{-12} s。这样产生的具有 keV 能量的电子和离子又会继续产生大量的电子和离子。不断地循环这一过程，之后产生的电子和离子的能量逐渐变小，达到 eV 级。此时与物质中的分子碰撞，要么切断分子的化学结合，要么引发新的化学结合，这一时间约为 10^{-9} s。这就是后文将要介绍的辐射引发癌症、对基因造成影响的原因。

能量进一步地分散传递给更多的分子，直至降到 1 eV 以下。这样一来，1 eV 以下的能量虽然不能引发化学反应，但可以转换为分子的振动或旋转的能量。1 个具有 MeV 能量的量子在物质内，通过这样的能量转换过程，可转换为 10^9 个振动能量量子，每个量子具有的能量相当于原来的十亿分之一的能量，即 meV。这会导致物质的温度升高。以上表述极其简化，但核能就是在经历了这些阶段后，改变了能量的形态（能量转换），最后成为热量。遗憾的是，不可能一下子就将核能转换成安全的热能。例如，不可能将 1 个具有 1 MeV 的 γ 射线光子直接转换成 10^6 个能量为 1 eV 的光子。在能量转换过程中，一定会经过可引发化学反应的能量领域，而这正是辐射影响的存在原因。

实际上，在太阳中心附近产生的 MeV 级的辐射能量，经过内部的能量转换，到达太阳表面附近时变为 5750 ℃。太阳自身已屏蔽了那些高能的危险的辐射。尽管如此，还是会有一部分高能射线从太阳释放出来，幸运的是地球的大气层遮挡了这些危险的辐射，使其不能到达地表，地上的万物也因此才能得以生存，所以有些人相信这是神的庇佑。地球是宇宙中独一无二的行星，人类在地球上生存，既不会受到辐射危害，又能享受核聚变能源的恩惠，希望大家能够记住这一点。

1.6　放射性物质与人工辐射

图 1.5 所示为日常在自然界中能够看到的辐射束源。首先,陆地上的辐射(Terrestrial Radionuclide)来自放射性同位素,如 ^{40}K(钾-40)、^{87}Rb(铷-87)、^{147}Sm(钐-147)、^{176}Lu(镥-176)、^{187}Re(铼-187)、^{222}Rn(氡-222)、^{226}Ra(镭-226)、^{232}Th(钍-232)、^{235}U(铀-235)、^{238}U(铀-238),它们在地球诞生时就已经存在了。^{222}Rn 是挥发性气体,存在于大气中。地球正在逐渐失去它诞生时具有的能量,以亿年为单位逐渐降低温度。这与近些年所说的以年为单位的地球变暖不同。可以认为,这些存在于地球内部的长半衰期的放射性同位素的衰变,持续地释放能量,从而减缓了地球温度的下降速度。

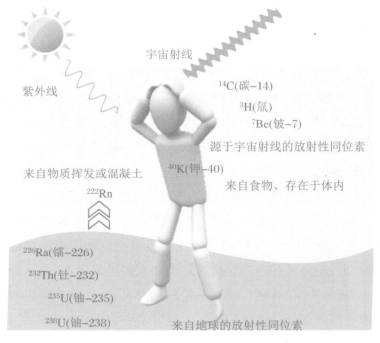

图 1.5　自然界中能观察到的辐射束源

辐射与能量

其次,大气中的 O_2 和 N_2 与来自宇宙的射线(宇宙射线)发生反应,一直在生成 ^3H(氚)、^7Be(铍-7)、^{14}C(碳-14)等。但是,这些放射性同位素的半衰期较短,在生成与衰变导致的消失之间保持平衡,大致维持在一定的浓度。表 1.2 所示的天然辐射的空间剂量率来自具有长半衰期的放射性同位素和宇宙射线。

再次,在第二次世界大战后,人类频繁地进行着大气层内核武器试验,从而向大气中释放了大量的放射性同位素。图 1.6 所示为自然界中的 ^3H 和 ^{14}C 在第二次世界大战后的变化情况。1963 年《部分禁止核试验条约》(PTBT)生效后,大气层内核武器试验减少,因此大气中的放射性同位素不断衰减,尤其是半衰期较短的 ^3H 和 ^{14}C 基本上恢复到了战前水平。但是,核爆炸产生的 ^{137}Cs (铯-137)和 ^{90}Sr(锶-90)即使到现在依然能够检测出来。反过来说,1963 年环境中的放射性水平是现在的 10 倍以上,那时的剂量率在地球上的大部分地区都超过了 1 mSv。此事对人类的影响如何,现在还不清楚。有观点认为,如果讨论癌症的发病诱因,那么除了放射性以外,香烟、农药、心理压力等造成的影响更大一些。

最后,自然界中的钾含有高浓度的放射性同位素 ^{40}K(自然界中,稳定同位素 ^{39}K、^{41}K 和放射性同位素 ^{40}K 的含量分别为 93.26%、6.73%、0.012%)。图 1.7 所示为在几种果蔬的断面测定的 ^{40}K 的分布图。由图可知,南瓜的种子部分与其他部分相比,^{40}K 含量更大。此外,香蕉中也含有较多的 ^{40}K,每吃一根香蕉就相当于受到 $0.1\ \mu Sv$ 的内部照射。在含 K 较多的海藻中,也能轻易地检测到 ^{40}K 的存在。因为能够轻易地检测出放射性同位素释放的辐射,所以可以得到清晰的图像。在图 1.7 中,^{40}K 看起来似乎含量特别大,实际上却是极其微量的,即使全部吸收也是完全没有问题的。

通常,放射性物质释放出来的射线有三种:α 射线、β 射线和 γ 射线。其中,α 射线和 β 射线为粒子,γ 射线为电磁波。α 粒子是具有很大动能的氦离子(表示为 He^+ 或 He^{++})。β 粒子是具有很大动能的电子(表示为 e^-)。另外,极少的放射性物质还会释放具有正电荷的电子(表示为 e^+)。不论什么原子,只要它具有很大的能量或者以很大的速度运动,就都属于辐射的范畴。利用加速器,人类可以将离子加速,使其具有很大的能量,从而制造出人工辐射(能量量子束)。

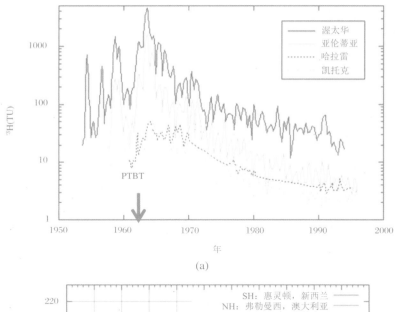

(a)

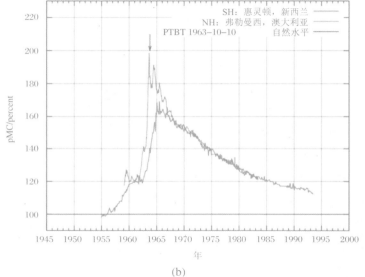

(b)

图 1.6 第二次世界大战后,自然界中的氚(^{3}H)和碳－14(^{14}C)的含量变化

注:^{3}H 是在加拿大各地的测试结果,^{14}C 是在新西兰和澳大利亚的测试结果。PTBT 生效之后,两者的浓度随着各自的半衰期而逐渐降低。

资料来源:(a)图为国际原子能机构的测试结果,引自 IAEA/WMO.（2006）Web Site of the Global Network of Isotopes in Precipitation（GNIP）and Isotope Hydrology Information SIAEA;(b)图引自 http://en.wikipedia.org/wiki/File:Radiocarbon_bomb_spike.svg。

辐射与能量

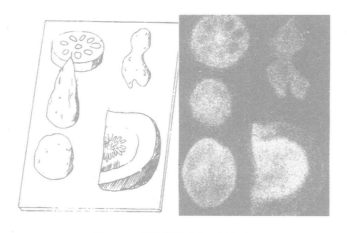

图 1.7　几种果蔬中^{40}K 的分布

注:黄色部分显示放射性高。

　　再说一次,生命体曝露在辐射之下,称为受到照射。此时意味着辐射携带的能量的一部分或全部传递给受到照射的物体(尤其是人体)。如前所述,不管是不是生命体,物质只要受到辐射照射,且该照射对 1 kg 物质传递了 1 J 的能量,就称该物质受到 1 Gy 的剂量照射。

　　让人难以理解的是,即使是具有相同能量的能量量子束,由于量子的种类不同,或者受到照射的物质不同,吸收剂量也会有很大变化。一方面,与量子是电磁波(光子)的情况相比,当量子是粒子时能量更加容易传递,照射导致的吸收剂量会成数量级的增加。另一方面,受到光子照射时,吸收能量的体积会呈数量级增加。即同样是 1 Gy 的剂量照射,物质受到的影响会由于辐射种类和其能量的不同,而表现得完全不同。

　　更令人难以理解的是,人体内的各脏器的吸收剂量率也各不相同。射线一边对物质传递能量,一边在物质内传播。随着射线的进入,最初具有的能量逐渐减少。图 1.8 简单地表示在深度方向,α 射线、β 射线和 γ 射线具有的能量是如何减少的。各曲线与轴之间的面积相当于 1 个能量量子最初携带的能量。注意,横轴为对数坐标。射线进入物质的深度会随着物质质量的不同而发生变化。物质的质量越大,进入的深度越小。换句话说,对单位质量传递的能量(吸收剂量)增加。这一点将在第 3 章、第 4 章中详细介绍。

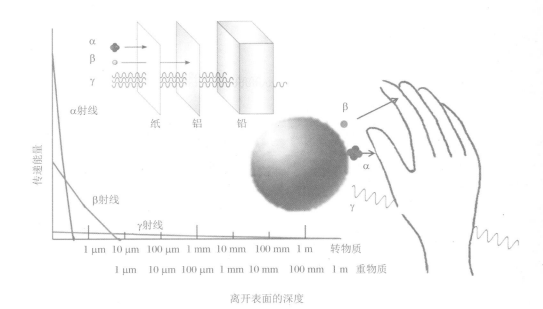

图 1.8　α 射线、β 射线、γ 射线进入物质后的能量传递方式

1.7　小　　结

辐射是由能量量子束构成的。照射指的是能量量子束的能量的一部分或全部传递给生物体的情况。照射传递的能量经过多种能量转换过程,最终变成热量。在能量转换过程中,尤其是当这一能量大到可以引发化学反应时,照射带来的影响会引发生物细胞死亡或染色体异常。这种能量转换在宇宙中是常见的现象。太阳内部因核聚变反应而释放出高能的能量量子。该量子的能量在到达太阳表面之前,就已经发生变化,其大部分的能量以紫外线或可见光的形式从太阳表面释放出来。太阳屏蔽了危险的高能量子,没有让其释放出来。地球的大气也遮挡了太阳或者宇宙中其他恒星释放的高能量子束。

辐射绝不是什么特殊的东西。如果了解了构成辐射的能量量子的种类、携带的能量大小,那么就可以对其进行安全处理。换句话说,可以将其转换为安

核聚变科学出版工程

辐射与能量

全的能量。然而，在能量转换过程中，因为辐射携带的能量大小不同，所以出现的物理或化学现象也完全不同。这些虽然不容易理解，但也没有超出人们理解能力的范围。辐射当然是"吓人"的东西，这一点没有可争辩的余地，但是有可能使其不再"可怕"，也有可能使人们认识到辐射不是"可怕"的东西。

第 2 章　什么是辐射(能量量子束)

在讨论辐射时,人们常常感到难以理解或者感觉混乱。原因在于,有关辐射源(能量量子束源)的观点与有关承受辐射(照射)的观点之间的视角是不相同的。这和第 1 章讨论能量的强弱与大小时的情况是一样的。本章前半部分从束源的角度进行讨论,关注从束源释放的能量量子数与每个能量量子携带的能量。同时,在受到照射一方,则关注受到多少量子数的照射和传递了多少能量。本章后半部分主要关注束源释放的能量量子束在进入物体后,经过怎样的过程,对物体传递了多少能量,因此前后讨论的内容并不相同。

一方面,要了解束源,先要知道释放的能量量子束的种类、其携带的能量以及释放量子的频度。"能量"是物理学定义,在讨论辐射时使用的"能量"一词,其含义与物理定义完全相同,并不特殊。从辐射束源(能量量子束源)释放出来的能量量子的数量也是一个重要的参数。当能量量子束源为放射性同位素的核衰变引发的能量量子时,释放出多少个能量量子,即发生了多少次核衰变,也是一个重要的指标。因此,每秒核衰变数(disintegration per second,dps)或每分钟核衰变数(disintegration per minute,dpm)是表示束源强度的指标,也是表示辐射强度的指标。如今,dps 不只限于核衰变,也可用于表示每秒的能量量子束,其单位是 Bq。

另一方面,从被照射的一方看来,能量量子束传递了多少能量,或者吸收了多少能量,也是非常重要的指标。因此引入了一个新的剂量单位 Gy,表示对 1 kg 物质传递了多少焦耳能量。还有,因为人体的不同器官(脏器)的能量吸收率并不相同,对其修正后,再引入剂量当量的单位 Sv。本章先介绍束源,然后介绍剂量、剂量率、剂量当量、剂量当量率。因为空气中存在束源的情况很多,所以大家随时都会接触到剂量、剂量率、剂量当量、剂量当量率。

2.1　辐射是能量量子束

如第 1 章所述,辐射就是携带能量的量子束。从放射性物质(放射性同位素的原子核中具有多余的能量,从而会向外释放)中出来的能量量子束,在反应堆中发生的核裂变反应、太阳中发生的核聚变反应等中也会出现。宇宙射线也是辐射。具有辐射能,即能够通过核衰变释放能量量子的物质称为放射性物质。但是,“辐射能”一词可表示辐射能、射线、放射性物质、放射性强度等多种意思,有时也可同时表示所有这些含义。本书为准确起见,不再使用“辐射能”这个词,而采用“能量量子束”代替“辐射”,以使表达更为准确。能量量子束可以分为具有质量的量子和没有质量的量子(电磁波或光子)。

具有质量的量子包括各种基本粒子(μ 介子、π 介子、中微子等)、电子(β 射线)、正电子、质子(质子束)、中子、α 粒子(α 射线)、各种原子离子化后的产物(一般为正离子,也包含广告宣传中具有保健功效的负离子)、核裂变反应产物等。具有质量的量子还可以进一步分为具有电荷的量子(电离辐射)和没有电荷的量子(非电离辐射)。能量高的粒子大部分都是具有电荷的粒子,但中子和中微子不带电荷。中子没有电荷,在原子核之间不会受到库仑力引起的排斥力,因此很容易到达原子核,给予原子核能量。原子核携带的电荷量等于它的原子序数。中子因为能够引发核反应,所以是非常危险的东西。核反应堆利用这一原理,使铀发生核裂变反应并释放能量,同时生成核裂变产物。原子弹就是利用这一反应制作出来的武器。中子弹就是通过产生特别多的中子来提高杀伤能力。中子在核反应堆发生核裂变反应或核聚变反应时产生,通常会受到屏蔽(后文中会说明),因而不会到达人体。反应堆外部的人不会受到中子照射。另外,单独的中子是不稳定的,经过 7 min 左右的半衰期,就会衰变为质子和电子。

具有电荷的粒子(带电粒子)在进入物质后,会受到库仑力的排斥,从而失去能量(减速)。换句话说,带电粒子最初具有的能量会传递给物质。能量传递率越高则意味着在物质中移动的距离越小,当所有的能量都传递给物质后,带电粒子就停止下来。能量传递率越低则意味着在物质中移动的距离越大。有关能量传递的内容将在后文中介绍。

第1章已介绍过没有质量的光子(电磁波),这里再作一些补充。在表1.1中,从波长短的开始,分别命名为 γ 射线(大于 10^6 eV)、X 射线($10^2 \sim 10^5$ eV)、软 X 射线($100 \sim 1000$ eV)、紫外线($5 \sim 50$ eV)、可见光($1 \sim 6$ eV)、红外线($0.01 \sim 1$ eV)、远红外线(低于 0.01 eV)。另外,波长大于远红外线或能量更低的电磁波,一般单独称之为电磁波(见图1.2)。对于能量低于红外线的电磁波而言,很难检测(观察)到1个单独的光子。若是许多的粒子入射,则可检测到热效应,表示为单位面积的入射热或者发热(单位名称:热流,单位符号:W/m^2)。家庭用电磁炉应用的就是这种红外线的热效应。最近出现在市场上的高转换效率的电磁炉,也被称为远红外加热器。

根据电磁波频率,其可分为超高频带(GHz 频带)、短波频带(MHz 频带)、中波频带(kHz 频带)、长波频带(Hz 频带)。大家都知道,FM 频带用于电视,kHz 频带用于无线广播,但可能难以理解 γ 射线、X 射线与电磁波属于同一类东西。从物理上说,它们确实是同一类东西。高频电磁波具有的能量与 γ 射线、X 射线具有的能量相比,小到可以忽略不计。因此,即使人体曝露在这些电磁波中,也可以认为没有任何影响。然而,对于更强的电磁波而言,如微波炉中使用的电磁波(2.45 GHz),若不屏蔽它,则会造成人体烫伤等比较大的影响。

2.2　能量量子束源及其强度

2.2.1　能量量子束源

对于能量量子束来说,一定存在一个释放(产生)源(束源)。第3章会详细介绍束源,这里先作个简单说明。加速器是一个人工量子束源,用来对粒子施加能量,它是自然科学研究中不可或缺的设备。无论是否有用,能量量子束源都可以分成人工束源和天然束源。不管是人工束源还是天然束源,只要是同一种类并具有相同的能量,那么就是完全相同的东西。不少人认为人工能量量子束(人工放射性)与天然放射性是不同的东西,这完全是误解。

能量量子束源主要包括加速器、反应堆,以及原子弹和其中的人工放射性同位素。人们说的"死灰"就是核爆炸产生的含有各种放射性核裂变物质(放射性同位素)的灰尘或微小粒子。

放射性同位素将在第3章中详细介绍,这里也只作个简单说明。放射性同位素的原子核中具有多余的能量。放射性同位素通过放射性衰变,以能量量子束的形式释放这些多余的能量,从而变成稳定的原子核(称为稳定同位素)。因为放射性衰变释放出来的能量量子束为 α 射线、β⁻(或 β⁺)射线和 γ 射线中的某一种,所以分别称为 α 衰变、β 衰变和 γ 衰变。α 衰变时,释放出 He 原子核,放射性同位素变成原子序数减2、质量数减4的稳定同位素。释放电子的衰变有两种,β⁻ 衰变时释放普通的电子(Electron,具有负电荷),放射性同位素衰变为原子序数加1的元素;β⁺ 衰变时释放具有正电荷的电子(Positron,正电子),放射性同位素衰变为原子序数减1的元素。γ 衰变时,原子序数和质量数都没有发生变化。放射性同位素在释放出多余的能量后即结束衰变。每经过一个半衰期,放射性同位素中的一半元素发生核衰变,成为稳定的同位素。

在放射性同位素中,有不少是宇宙射线。实际上,所有的恒星都在释放能量,都是货真价实的能量量子束源。有人说,在遥远的宇宙深处,宇宙正在发生爆炸,爆炸向四面八方释放大量的能量量子束。所以,宇宙中充满了不知来自何处的能量量子束。设置在日本岐阜县神冈矿山的探测器"超级神冈"探测到的中微子也是宇宙射线。氢的同位素氚(^{3}H 或 T)有的来自宇宙射线,也有的来自人造元素。前者是具有非常高能量的宇宙射线与大气中的元素发生核反应的产物,后者是核弹试验、核电等的核反应产物。顺便提一下,氚原子核内的多余能量以 β 衰变的方式释放出来,氚从而衰变成稳定的同位素氦。氚的半衰期约为 12.5 年,因此从太古时代到近代,地表的氚含量保持生成与衰变之间的平衡,基本维持在一定值。在图 1.6 中,20 世纪 50～70 年代,由于核试验,地表的氚含量超过了天然状态值的 100 倍。在 PTBT 生效后现在已经基本看不到核试验的影响了。然而,世界各地的火力发电厂燃烧的化石燃料中含有微量的天然氚,每年消耗的化石燃料量大,因此会释放出含氚水(HTO)。此外,核反应堆中也会生成极少量的氚。尽管释放的量非常少,但还是有人造氚不断地释放出来,导致现在的氚含量比太古时代要稍微高一点,不过,基本维持在一定值,或有稍微下降的趋势。

太阳作为恒星,太阳内部通过核聚变反应一直在释放能量,并从太阳表面释放各种能量量子束。因为地球距离太阳很远(光或电磁波的能量量子束到达地球需要约 8 min),且地表存在大气,那些具有高能的对人体非常危险的能量量子束在到达地球后,就已经将能量传递给了大气,所以基本上到达不了地上。实际上,到达地上的能量量子束都是能量较低的紫外线、可见光、红外线,人类享受着来自太阳能量的恩惠。月球表面没有大气,因此高能宇宙射线(能量量子束)倾泻而下。宇航服的作用不仅是将人体与真空隔离开来,还要屏蔽宇宙射线。虽然现在大家都在宣传宇宙开发的重要性,但是宇宙射线的照射仍然是人类进入宇宙的一大障碍。

远距离移动的飞机一般在 10000 米的高空飞行,因此乘客会受到宇宙射线的照射。虽然飞机机身能够屏蔽绝大部分的宇宙射线,但是一名乘客在东京(成田)与纽约间的 1 次往返航程中还是会受到约 0.2 mSv 的照射。

2.2.2　作为能量量子束源的放射性同位素的特性

众所周知,居里夫人之所以能发现天然铀的辐射现象,是因为铀是一种可释放能量量子束的放射性元素。放射性元素释放的能量量子束来自核衰变,其量子的能量分布是不连续的,而且这种释放并不是在规定的时间发生的。尽管如此,核衰变的发生还是遵从以下的规律(具有半衰期):

假如有 N 个放射性元素,在单位时间内发生核衰变的元素数量与此时存在的元素数量 N 成正比。

$$dN/dt = -\lambda N \qquad (2\text{-}1)$$

式中,λ 为比例常数或衰变常数,各种放射性元素分别具有固定的值。根据式

辐射与能量

2-1,如果最初存在的放射性元素的数量为 N_0,那么经过时间 t 后剩余的元素数量为

$$N = N_0 \exp(-\lambda t) \qquad (2\text{-}2)$$

因此,最初的元素数量减到一半所需的时间 τ 为

$$\tau = \ln 2/\lambda \qquad (2\text{-}3)$$

也就是说,半衰期为一定值,与最初的 N_0 无关。$\ln 2$ 是 2 的自然对数。衰变时的元素数量将逐渐减少,但是如果半衰期很长,那么在特定的时间内,元素数量基本上保持一定。所谓辐射能,指的是在某一特定时间内,由于核衰变反应,在单位时间内从能量量子束源释放的能量量子束的数量($\mathrm{d}N/\mathrm{d}t$)。因此,特定的放射性元素的辐射能按照其半衰期逐渐减少。当半衰期长到以年为单位时,若不对其进行连续测量,则不会感觉到这一衰减。

如上所述,虽然过去曾将每秒钟或每分钟的衰变数(dps 或 dpm)定义为束源的强度(辐射能),但是现在采用单位 Bq 来表示辐射能,1 Bq = 1 dps。

需要注意的是,在表示能量量子束源强度的单位 Bq 中,并没有包含释放的能量量子携带的能量大小的信息。两个不同的放射性同位素,即使具有相同的辐射能,即具有相同的 Bq 数值,因为释放的能量量子束携带的能量不同,所以能量量子束给包括人体在内的物体带来的影响也会极大不同。例如,氚释放的 β 射线的能量平均为 5 keV,而碘(I)或铯(Cs)释放的 β 射线的能量则比氚高得多,它们对人体的威胁也大得多。^{131}I 或 ^{137}Cs 在释放 β 射线的同时,还会释放 γ 射线。不管怎样,这些都是从通常的辐射束源(能量量子束源)释放的能量量子束。

2.2.3　束源的形状、点状束源、体积束源、面状束源、空间束源

有关能量量子束的测定的定量说明参见第 6 章,这里先简单地介绍束源的形状。

1. 点束源、体积束源

束源为固体或液体时,属于体积束源,向四面八方释放能量量子。此时的强度(常称为辐射能)表示为单位体积的 Bq 数值($\times\times$ Bq/m^3),或者单位质量的 Bq 数值($\times\times$ Bq/kg)。束源很小或者束源很远时,可以将它处理为点束源。

这里要注意的是束源具有较大体积的情况。内部释放的能量量子如果在到达外部之前,就已经丧失携带的能量,那么这些能量量子就无法释放到外部去。因为只有那些从表面释放到外部的能量量子才是我们所关注的,所以将这种体积的束源处理为面束源。

举一个例子,对于食物或植物中的微量的辐射能,无法测定其内部的束源强度(辐射能)。常规的做法是大量收集这些食物或植物后捣烂取汁,再对液体进行测定,其结果用 Bq/kg 表示。这一方法在评价体内照射时必不可少。

2. 面束源

放射性物质附着在表面,或者如 α 射线或 β 射线一样难以从物质内部释放出来的能量量子,可以表示为单位面积释放的能量量子数 Bq/m^2。加速器、反应堆等释放的能量量子多具有较大的能量,也常用单位面积释放的数量 Bq/m^{2}表示。

3. 空间剂量

在空气中浮游着含有放射性同位素的微粒子。这些灰尘里面含有过去核试验时散布的^{60}Co 和^{137}Cs;宇宙射线生成^{14}C 和氚,它们分别以含^{14}C 的 CO$_2$ 和含氚的水蒸气的形式存在;还有天然铀、钍核衰变生成的^{222}Rn。这些放射性元素大致均匀地分布在空气中,能量量子束的强度为空间剂量率,用单位时间内的剂量当量率 Sv/s 表示。因为微粒子浮游在空气中,所以下雨的时候,地表附近的空间剂量率会增高。此外,^{222}Rn 存在于石灰或土壤中,因而会从混凝土中释放出来。因此,混凝土的房子里面的空间剂量率要高于室外或者木造建筑物中。

2.2.4　空间剂量率

在受到照射的一侧,即承受能量量子束一侧,人们关注的是接受了多少能

辐射与能量

量。因此,作为表示受到照射的单位,引入了剂量 Gy 或 Sv。

自然的空间剂量一般指的是在空气中飘浮的气体、浮游物中含有的放射性同位素和地表与地下的放射性同位素释放出来的能量量子束对人体传递了多少能量(见图1.8)。由2.2.2小节可知,在无法知道量子种类时,利用空间测定的能量量子数 dps 或 dpm 来表示空间的能量量子的数量。然而在大气中,α 粒子或 β 粒子通常最多前进几厘米后就会丧失能量。因此,如 2.5 节所述,如果现场有人的话,那么以 γ 射线为基准,换算成对此人每单位质量传递了多少能量,用剂量 Gy 表示,这是空间剂量。利用简易探测器时,大多采用有效剂量(Effective Dose)、Sv 来表示。

图 2.1 所示为在日本佐贺县玄海核电站周边测定的空间剂量率(每小时的剂量)在 2017 年 4～6 月的每日变化。测定是在距地面 1.5 m 高的电离箱式探测器上进行的,平均值为 30 nGy/h($1\ Gy = 10^9\ nGy$)。随着日期和时间的改变,空间剂量率的变化非常大。剂量高时,达到了平均值的 2 倍,约为 60 nGy/h,这段时间核电站处于停运状态。但是即使核电站处于运行状态,测定结果也基本没有什么差别,通常维持在 20～60 nGy/h。这一变动的主要原因是降雨。在图 2.1 中,在剂量率的数据下面,同时显示了降雨量的每日变化。从中可以看出,剂量率增高的日子里一定有降雨发生。当空间剂量率的测定值超出日常波动范围时,基本上都是由降雨造成的。如果不是受降雨影响,那么就是某个地方出现了异常的辐射。

通常,自然界的空间剂量来自空气和空气中浮游物含有的放射性同位素,以及地表和地下的放射性同位素释放出来的能量量子束(见图1.5)。下雨后,空气中的浮游物降落到地表附近,或者沉降在地表上,所以空间剂量率增加。另外,福岛核事故后,放射性物质散布在地表上,空间剂量率当然增加。地表上沉降的束源增多,尤其是具有强辐射能的粒子发生沉降,空间剂量率便不再是均匀分布。如果将探测器朝向地表测量,那么就会发现,改变探测器的朝向以及与地面之间的间距,剂量率会大幅变化。反过来,如果向着剂量率增高的方向移动探测器,那么就有可能发现束源在什么地方。

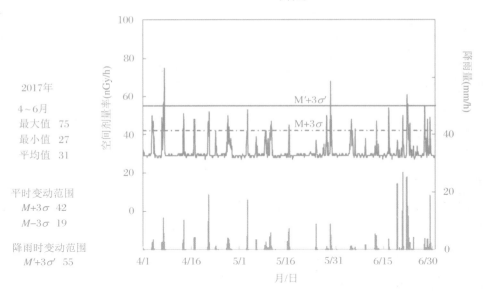

图 2.1　佐贺县玄海核电站周边的空间剂量率与降雨量的每日变化(2017 年 4～6 月)

资料来源：佐贺县环境辐射能技术会议，http://www. pref. saga. lg. jp/

kiji00355964/3_55964_53422_up_0a86c1li. pdf。

2.3　照射到物体内的能量量子束的能量传递

能量量子束的种类很多。能量量子的种类不同，对物质内部的能量传递方式也完全不同。同时，在承受能量的一侧，也会由于该物质的质量不同，从而极大地影响接受的能量的多少、能量量子束进入物质的深度。能量传递指的是能量量子将其携带的能量传递给物质。能量传递给人或生物，就是对其照射。从受到能量量子照射的一侧看，指的就是从能量量子传递过来的能量，常表述为吸收能量。

在图 1.8 中，概略地表示了具有相同能量的 α 射线、β 射线、γ 射线入射到物质中时，传递给物质的能量与进入物质深度之间的关系。α 射线进入物质时,经过极短的距离后就会传递完全部的能量,进入的深度小于 $1\,\mu m$;γ 射线在物质中只传递很少的能量,甚至可以进入到 $1\,m$ 的深度;β 射线的进入深度比 α 射线大得多,约有 $1\,mm$(在空气中能传播几十厘米)。各曲线与纵轴、横轴所围的面积相当于 1 个能量量子最初携带的能量。因此,当 α 射线或 β 射线从外部进入人体时(受到照射),其影响仅限于皮肤附近,主要的后果是辐射烫伤或皮肤癌,其对人体的影响比 γ 射线小。如果 α 射线或 β 射线被吸收到体内,那么情况就不一样了(参见后续的体内照射)。

密度大的物质,如铅(Pb)等,传递能量的深度显著减小。换句话说,可以抑制能量量子束的进入。利用这一现象,可以降低能量量子束的影响。

2.4　照射(对人或生物的能量传递)

能量量子束的照射,指的是人或生物承受能量量子束的入射,在其表面或体内传递能量量子携带的能量的一部分或全部。此时,若能量量子束源位于体外,则称其为体外照射;若因吞入束源等,使束源进入体内,则称其为体内照射,又称内部照射。若照射剂量相同,则两者对人体的影响基本上没有差别。但是在体内照射时,因为束源残留在体内,照射剂量很容易增加,所以体内照射更加危险。

2.4.1　体外照射

照射指的是曝露在能量量子束下,其本质是能量的传递。从这一观点出发,能量量子束的照射与红外线或电磁波的照射完全一样。如果对皮肤的局部表面传递能量,则会引起烫伤或坏死(造成细胞死亡,分为 α 射线烫伤、β 射线烫伤等)。不管是红外线烫伤,还是辐射烫伤,其基本原理都一样,都是传递的能量转变为热能,导致了细胞的死亡。在可见光或红外线的情况下,1 个光子的能量很小,仅对皮肤表面附近传递热量。与红外线烫伤不同,β射线携带的能量的传递不仅到达皮肤表面,还浸透到人体部位内部。其1个粒子携带的能量很大,可以对人体内部的极微小领域,如直径1 nm左右的领域,传递可见光或红外线无法比拟的巨大能量。为了区别,专门将其称为辐射烫伤或β射线烫伤。

2.4.2　体内照射

以上介绍的是体外照射,即能量量子束从体外入射的情况。如果附着有能量量子束源的食物被吃到体内,或者液体被喝入、气体被吸入体内,那么一部分放射性物质就会被吸收进体内组织,造成体内照射,从而带来强烈的能量量子束的影响。从能量传递的观点看,体内照射与体外照射基本上是一样的。但是束源如果进入到脏器等体内组织,能量直接传递给该组织,那么其影响要比体外照射大得多。更重要的是,附着在体外的能量量子束源可以通过淋浴来去除(除污),然而通过胃肠或肺进入体内的放射性物质停留在内脏各处,难以去除,吸收了放射性物质的内脏将会受到持续照射。此时,可以饮用大量水,或者摄入原子序数与放射性同位素相同的稳定元素,对其进行置换,以期将其排出体外。

进入体内的能量量子束源,一方面因核衰变而逐渐减少,另一方面因新陈代谢的作用而排出体外。不管哪种机制,都能导致体内放射性物质的数量成比例的减少,每经过一定时间后减少一半。因核衰变而减少到一半所需的时间称为物理学半衰期(或简称半衰期),因生物代谢排出而减少到一半所需的时间称为生物学半衰期。物理学半衰期是不能减少的,但生物学半衰期有时可以减少。例如,进入体内的氚要减少到一半,通常需要7天左右,但如果大量饮水,氚与水中的氢元素置换,则能更快地排出体外。因为啤酒的利尿作用更强,可以加快氚排出体外,所以人们有时会在氚研究设施的出口处放置一些啤酒。

辐射与能量

2.4.3 剂量率(能量量子束传递的能量)

照射剂量表示受到了多少能量量子束的照射,照射剂量率表示单位时间内的照射剂量。表现能量量子束对人体的影响时,采用剂量当量来表示照射剂量,此时采用单位 Sv。这一点前面已经多次提到,下面来解释这一单位的意义。

采用单位戈瑞 Gy(1 Gy = 1 J/kg),表示能量量子束照射到 1 kg 的物质中时,对该物质传递了多少能量(即该物质吸收了多少能量)。现在假设,能量为 1 MeV 的 γ 射线光子照射到体重为 60 kg 的人体上,每小时照射 1 亿个光子(1×10^8 Bq),如果这些能量全部传递到人体上,因为 1 MeV $= 1.6 \times 10^{-13}$ J,所以

$$1.6 \times 10^{-13} \times 1 \times 10^8 \div 60 = 2.7 \times 10^{-7} \, (\text{Gy}) \tag{2-4}$$

这一传递的能量又称照射剂量。

传递到物质中的能量不但会随着物质的不同而变化(随着物质质量的增加而增加),而且也会随着入射能量量子束的种类及其能量的不同而变化。尤其是在研究能量量子对人体的影响时,还需要采用剂量当量的单位 Sv 来分析受照射量的多少。也就是说,吸收剂量 D(Gy)乘以辐射权重因子(W_R),得到剂量当量 H(Sv)

$$H = W_R \times D \tag{2-5}$$

如果存在多种能量量子束,那么对所有的能量量子束求总和,得到剂量当量 H_T。

$$H_T = \sum_R W_R \times D_{T,R} \tag{2-6}$$

能量量子束的种类与辐射权重因子的关系如表 2.1 所示。具有质量的粒子的辐射权重因子要大一些,因为它能够对局部传递更大的能量。中子的危险性前文已介绍。由于 γ 射线的辐射权重因子为 1,上述照射剂量为每小时 2.7×10^{-7} Sv,即大约为 0.3 μSv。中子和更重粒子的辐射权重因子增加,这部

分内容在第 3 章将会详细说明。

表 2.1　从吸收剂量换算到剂量当量时,各种束源的辐射权重因子(根据 ICRP 建议)

辐射种类	辐射权重因子(W_R)
X 射线、γ 射线等光子	1
β 射线、介子等电子	1
中子,低于 10 keV	5
中子,10～100 keV	10
中子,100～2000 keV	20
中子,2000～20000 keV	10
中子,大于 20000 keV	5
除反跳质子之外的质子,大于 20000 keV	5
α 射线	20
核裂变碎片	20
重原子核	20

在考虑对人体的影响时,由于人体各组织的辐射感受性不同,除了上述修正外,还要利用不同人体部位的组织权重系数进行平均化处理,换算为有效剂量(Effect Dose)。各组织的剂量当量乘以组织权重系数,可得

$$E = \sum_T W_T \times H_T = \sum_T W_T \sum_R W_R \times D_{T,R} \tag{2-7}$$

各组织的组织权重系数如表 2.2 所示。

表 2.2　人体各组织的辐射权重系数

组织种类	W_R(单个组织)	W_R(多个组织)
骨骼、结肠、肺、胃、其他人体部位	0.12	0.72
生殖腺	0.08	0.08
膀胱、食道、肝脏、甲状腺	0.04	0.16
脑、皮肤、唾液腺	0.01	0.04
合计		1.00

Sv 或 μSv 等就是指单位时间内的有效剂量。将传递能量换算成有效剂量会有点复杂,但对于 γ 射线来说,有效剂量与剂量(传递能量)Gy 的值之间差别

辐射与能量

不大。如果放射性同位素进入到人体内部，那么束源的种类和组织权重系数就会变得非常重要。

另外，应注意区分单位时间内的传递能量与其积分值。剂量当量、有效剂量也同样有这个问题。通常 Sv 表示对人体的 1 小时的有效剂量值。一般情况下人受到的天然辐射的剂量当量约为每年 2400 μSv、每个月 200 μSv、每天 7 μSv、每小时 0.3 μSv（在日本，医疗目的的照射值要大于天然辐射的照射值，每人每年的照射值为 3700 μSv）。如上所述，天然辐射这一照射值为 0.3 μSv，相当于人体在 1 小时内承受了 1 亿个（每秒钟大约 3 万个）能量为 1 MeV 的 γ 射线光子的能量。由图 1.1 可知，人体质量小，能量量子束，尤其是 γ 射线虽然会对人体传递能量，但并不会传递全部的能量，有相当一部分会穿透人体。

如果人体受到 200 μSv 的能量量子束的照射，乘以辐射权重因子 1 后，那么每千克体重就承受了 200 μJ（微焦耳）的能量，标准体重 60 kg 的人就承受了 12000 μJ＝12 mJ 的能量。假设人体全部由水组成，这些能量将会升高体温

$$12000\,(\mu J)\div 1000000\div 4.2(J/cal)\div 60\div 1000\div 1(℃/cal)\approx 0.000047\ ℃$$

人在进行日光浴时，皮肤接收能量。太阳能量以紫外线、可见光、红外线的形式向人体倾注。但是它们的波长远大于 γ 射线的波长，能量非常低，因此不能穿透人体内部，其能量的大部分传递给人体表面。在地表处，来自太阳的功率为 100 W/m²。假定人体垂直面向太阳的有效面积为 1 m²，1 W＝1 J/s，当人体为 60 kg 时，承受的能量为 100÷60≈1.7 Gy/s，相当于每小时 6 kSv。太阳光的大部分都被反射掉了，假如有 10% 传递到人体内，那就是 0.6 kSv。这个数值若是来自 γ 射线的话，则早已超过致死量。由这个例子可以看出，能量量子束对人体的影响是很大的。

2.4.4　将 Bq 换算为 Gy 或 Sv

Bq 表示单位时间内的量子数量。如果知道入射的能量量子的种类、该量子具有的能量，那么就可以得出携带的总能量。如果知道能量量子如何进入物体，即知道受到照射的是什么物体，那么就可以评价该物体的吸收剂量率

（Gy/s）。1 Gy = 1 J/kg，在传递较大的体积能量时，如 γ 射线，能量传递大致是均匀分布的，故此没有问题。但像 α 粒子或 β 粒子那样，在近距离且传递全部能量时，吸收剂量率就不再是均匀地分布了。反过来，对于近距离、小体积传递能量，如果使用"千克"的话，那么吸收剂量率会变得非常大。此时评价 α 射线或 β 射线的体外照射，就会出现很大的误差。因为 α 射线或 β 射线都是在皮肤表面就传递了所有的能量，其影响不会到达体内脏器。所以，在体外照射时，如果 α 射线或 β 射线的强度不是特别大，那么一般不会有什么问题。当然体内照射的情况除外。综上所述，只要确定了吸收剂量率和照射时间，就可以确定照射的有效剂量。

再次说明，虽然可以将 Bq 换算为 Gy，但变换的数值会随着能量量子束的种类、能量和受照射一侧器官的不同而发生变化。对于人体而言，大部分成分是水，因此可以将水作为照射物质，以便于进行大致变换。在许多情况下，通过制作虚构的模型，即模拟人体部位中的物质，来利用束源对其进行照射，从而测定吸收剂量率，或者推导出从 Bq 到 Gy 的换算系数。

当从空气中摄取放射性物质时，采用日本能量工学研究所提倡的从 Bq 到 Gy 的换算公式（1 天的剂量，该公式详见 http://www.iae.or.jp/great_east_japan_earthquake/info/appendix2.html）

$$A = C \times S \times Ka \times Q \times T \tag{2-8}$$

式中，A：有效剂量（μSv）；C：空气中放射性物质浓度（Bq/cm^3）；S：滞留时间系数 = $(S1 + Fc \times S2)/24$ h；$S1$：室外滞留时间（8 h）；$S2$：室内滞留时间（16 h）；Fc：降低系数（1/4 左右）；Ka：有效剂量换算系数（μSv/Bq）；Q：摄取量（cm^3/天）；T：摄取时间，1 天。

首先根据束源确定有效剂量换算系数 Ka，然后利用式 2-8 估算有效剂量 A。当辐射为 γ 射线时，该数值随着 γ 射线的能量不同而略有变化，在袖珍剂量计中预设了上述公式，从而能够直接显示 A（Sv）的数值。

需要注意的是，在计算有效剂量时，存在相当大的误差和不确定性。例如，严格区别 6 μSv 和 8 μSv 是没有意义的。另外，如表 2.2 所示，如果受到照射的组织不同，那么吸收剂量率也不相同。如果照射剂量率不太大、只是 μSv 程度的照射，那么其数值只具有参考意义，完全没有必要纠结于日常观测到的有效

辐射与能量

剂量的稍微变化。因为降雨时,空气中的放射性物质会被雨水收集后落下来,所以此时地表附近的空间剂量率肯定会上升。

2.5 屏蔽与除污

能量量子束的入射是人体受到照射的原因。与农药等污染不同,它不能通过化学的方法去除或消灭。尤其是当束源进入体内时,是不可能采用酒精消毒或煮沸消毒等方法的。人体一旦受到照射,吸收了能量,就再也不可能恢复到之前的状态。要防止受到照射,要么减少入射的能量量子的数量,要么减少所传递的能量。当然,还可以通过除去附着在体表的束源来降低受到的照射。

前文虽然已经说过,但这里还是要重申一次。许多人担心,"受到辐射(能量量子束)照射的物体(包括人体),是不是就会具有放射性啊?"这完全是一个误解。这种误解导致一些人认为,照射就像感冒那样具有传染性,进而错误地认为,"照射会传染,靠近曾受到照射的人,自己也会受到照射。"

除了身体上附着有束源的情况外,照射本身是不会传染的。第3章还会对此作进一步地详细说明,能量量子束主要是从不稳定原子核(放射性同位素)释放出来的,因为这些不稳定的原子核中具有多余的能量。这些从原子核释放出来的能量并没有高到能够使原子核再次处于不稳定状态的程度。因此除了一些非常特殊的情况外,受到照射的物体本身不会具有放射性。受到照射时,虽然会发生能量传递,但这些能量最终会被吸收,并不会残留下来,自然就更谈不上转移到其他人身上去。

能量量子束会对人体产生影响,也会对细菌或病毒产生影响。如果有效剂量太大,那么也会致死人命。因此,可以利用辐射来杀菌,经过放射性杀菌的物体本身并不具有放射性。

只要是能量量子束,就一定会有一个束源。弄清楚这个束源的种类和位置,是一个非常重要的问题。若知道束源在哪,则可以在第一时间与它保持距离。不管是什么物质,都可以从能量量子那获得能量。哪怕是只有空气,只要保持距离,能量量子束在到达人体之前就会损失一部分能量,这就是屏蔽效应。对于可见光来说,黑纸或者黑幕就可以达到屏蔽效果。在图 1.8 中,能量量子束的能量传递给屏蔽物质,从而可以减少对屏蔽物质后面的传递能量。屏蔽物质密度越大,在物质内部传递的能量就越多,能量量子束在穿透过程中的衰减也就越大。

利用这一原理,在人体与束源之间放置较重的物质(屏蔽材料),可以减少能量量子束的照射(屏蔽能量量子束)。常用的屏蔽材料是铅(Pb)。有时也采用铀玻璃作为观察窗口的屏蔽材料,因为铀是质量数很大的元素。人们常使用 ^{60}Co 作为能量量子束源,要完全屏蔽 ^{60}Co 的 γ 射线,即使采用铅做屏蔽材料,也需要数十厘米厚度的铅。辐射屏蔽分为两个途径,一是减少透过的能量量子束的数量,二是降低能量量子束携带的能量。实际上,当不得不在释放强能量量子束的场合进行操作时,不仅要将人体与周围的空气隔离开来,还要穿用包裹着重物质的宇航服或潜水服,以达到屏蔽能量量子束的目的。

如果束源附着在人体上或位于周围的环境中时,则必须除去这些束源,这就是除污。有效的除污方法包括:干燥空气吹拂(这种方法虽然暂时有用,但不过是将束源转移到其他场所,因此不提倡)、吸尘器等吸收捕获、湿布等擦拭(称为擦拭法)、流水冲洗等。

如果是能够溶解于水的束源,则可以利用流水冲洗来除污。如果束源释放的能量量子的数量太多,则必须对除污后的水进行稀释。以离子形式溶解于水中的放射性同位素,如 Cs 或碘(I),可以通过离子交换法进行有效除污。但 Cs^+、IO_3^- 等离子的电荷正负性不同,因此还没有将两者同时除去的方法。针对浮游在水里的微小物质,可以采用过滤的方法除污,当然这与过滤方式有关,常用的自来水简易过滤器基本上达不到这一效果。

2.6 对生物或人体的影响

表 2.3 所示为照射剂量与人体影响的关系。从科学的角度讲，要检测辐射照射对人体产生的某种影响，需要 500 mSv 以上的剂量。人体受到这一剂量的照射后，将会出现烫伤或白细胞减少的症状（称为急性辐射障碍）。这里指的是在短时间内或一次照射时的情况。如果是缓慢照射，根据其照射方式，那么表现出的症状会低于一次性照射时的情况。

专家认为，从事辐射工作的人员一年允许照射剂量为 100 mSv，即使长期如此，也不会出现罹患癌症的危险。一般公众的一年允许照射剂量为 1 mSv，只有上述标准的 1/100。天然辐射的照射剂量为 2.4 mSv，而设定的一般公众的允许照射剂量标准比这个天然数值还要低。

一方面，在能量量子束照射的影响中，罹患癌症是最大的问题。现在，日本每年有 35 万人因患癌症而死亡。随着人均寿命的增加，癌症发病率也会上升。然而，能够确定诱因的癌症却不多。例如，已经有许多关于吸烟引起的癌症发病率上升的调查数据，据说患肺癌的风险增加 4.5 倍，患喉头癌的风险增加 30 倍以上。

即使受到能量量子束的照射，也不是立刻就会发生癌症。如表 2.3 所示，受到的照射剂量超过 500 mSv 时，患癌的可能性将会非常高。但是关于低剂量的照射引起的癌症发病率上升则仍不清楚。另外，也不清楚是否存在一个引发癌症的特定剂量（称为剂量阈值）。年间累计照射剂量为 1 mSv 的人即使患癌，也很难与其他癌症诱因，如环境状况、饮食、个体差异等统计因素区别开来，因此不能确定其就是受放射性的影响。与放射性的影响相比，农药残留的影响可能更大一些。此外，不能否定的是，成天担心患癌所带来的心理压力，也可能是诱发癌症的原因。

表 2.3　照射剂量与人体影响的关系

说明	照射剂量（mSv）
99%的人死亡	（约 10000 以上）
50%的人死亡（人体局部照射，3000 mSv 脱毛，4000 mSv 永久不孕，5000 mSv 白内障、皮肤红斑）	（约 4000~5000）
5%的人死亡（出血、脱毛等）	（约 1000）
急性放射障碍，呕吐，玻璃体浑浊	（约 500）
淋巴细胞减少	（约 300）
白细胞减少（一次性照射时，以下同）	（约 200）
辐射职业工作者（可能妊娠者除外）法定的 5 年容许剂量；同类人员的一次紧急操作的容许剂量；可能妊娠者不允许进行紧急操作	（约 50）
辐射职业工作者（可能妊娠者除外）的 1 年容许剂量	（约 5）
X 射线 CT 扫描产生的照射剂量	（约 1）
辐射职业工作者（只限可能妊娠者）法定的 3 个月容许剂量	（约 0.8）
胃接受 X 射线照相产生的照射剂量	（约 0.6）
1 年内人从自然环境中受到的全球平均剂量	（约 0.6）
辐射职业工作者（只限妊娠者）自妊娠至分娩期间腹部表面可以接受的剂量	（约 0.5）
一般公众 1 年中可以接受的人工辐射剂量（ICRP 建议），辐射职业工作者（只限妊娠者）自妊娠至分娩期间的容许剂量	（约 0.3）
胸部 X 射线照相产生的照射剂量	（约 0.1）
乘坐飞机往返东京、纽约时受到的照射剂量	（约 0.15）
核电站厂区边界处的 1 年剂量	（约 0.03）

0.01　0.1　1　10　100　1000　10000

单位：mSv

能够出现人体影响的照射剂量区域

另一方面,也有一些人认为,非常少量的能量量子束照射反而对健康有利。辐射兴奋效应认为,少量的照射可以促进体内的生理活动,有助健康。那些叫做镭温泉、氡温泉的温泉中,含有天然放射性同位素镭或氡,或者人为地在热水中加入氡或镭。人们很可能因为相信这种效应,所以产生一些心理作用。例如,由于可能使人放松压力,有不少人相信这种疗法。

福岛核事故使得放射性物质扩散,然而对于大于日常水准 100 倍的照射剂量,大家完全没有必要担心。这一照射剂量导致的癌症发病概率提升不会超过其他因素导致的癌症发病概率。生活压力等引发疾病(包括癌症)的概率可能更高。在东京(成田)与纽约间的 1 次往返航程中,人会受到 0.2 mSv 的照射,对于每年乘坐 10 次往返航班的商业人士来说,将受到 2 mSv 的照射,但从没有听说有人担忧这一照射会引起健康问题。相比而言,时差或商业上的压力对健康的负面影响更大。即使出现某种健康问题,也难以证明其是由照射引起的。反过来,这样的商业人士看起来活力十足,体力的恢复能力可能比一般人更强大。

β-淀粉样蛋白是引起阿尔茨海默病的原因之一。充分的睡眠可以促进大脑排出 β-淀粉样蛋白,从而延缓阿尔茨海默病的症状。每天快乐地生活,可以提高机体对疾病的免疫能力。如果过度担心照射的影响,不能快乐地生活,那么就可能妨碍发挥人体自身的免疫能力。与其过度担心照射的影响,还不如关心由其他因素引起的身体变化。另外,许多人非常担心照射对后代的遗传影响,殊不知父母的"害怕的样子"对于小孩来说反而更加可怕,更加容易造成心理负担。

需要注意的是,只能从概率论角度来评价低剂量率照射对人体的影响。不能说"对一个人是否产生影响",而应说"出现影响的概率是多少"。例如,对 0.1% 的人会有影响,即 1000 个人中会有 1 个人受到影响。能量量子束产生的影响随着无机物、有机物、生物的不同而大不相同。由表 2.3 可知,对于人体而言,由于组织和尺寸的不同,其影响也大不相同。第 4 章中还会详细地讨论这个问题,随着生物尺寸的增加,其结构、组织趋于复杂,从而更容易受到辐射的影响。与微生物相比,人类更加容易受到照射的影响。

问题的难度在于,即使是 0.1% 的概率,也有可能会落在自己身上。虽然遭遇交通事故的概率非常高,但是社会上似乎已经接受了保险处理方式,即利用自己投入的保险金与对方投入的保险金来得到金钱方面的补偿。然而对于能量量子束的照射，即使其产生影响的概率极其低，也难以被人们接受。有些人觉得，应该将放射性影响降到零。可是，天然放射性的影响无法避免，因此将放射性影响降到零是一件不可能的事。就算是燃烧化石燃料的火力发电，也有CO_2和其他有害物质的排放问题。不管利用什么能源，一定都有某种风险与之相伴。随着化石能源的消耗，当核能被接受为能源时，或者说不得不被接受为能源时，社会必须确定由谁来承受这个风险，由谁来为此买单。从这个意义上讲，更需要让全社会正确地认知辐射的"吓人"本质，认识到辐射并不"可怕"。

第 3 章　能量量子束源(辐射源)

3.1　放射性同位素

3.1.1　稳定同位素与放射性同位素

图 3.1 所示为铜原子模型。在原子中,原子核具有正电荷,其数量等于原子序数。同样数量的电子环绕在原子核外面。原子核由质子和中子组成(氢除外),质子的数量等于原子序数,中子的数量一般等于或小于原子序数。质子间的距离稍大时,会受到库仑排斥力,但如果相对距离小于原子核的半径时,则反而会相互吸引。这个力称为核力。中子与质子之间也存在核力。核力通过介子发生作用,从而使原子核保持稳定。质子与数量基本相等的中子在一起形成稳定的原子核。如果中子数量相比质子数量太多或太少的话,那么原子核就会处于不稳定状态,释放出 γ 射线、电子、正电子、质子、He 原子核等,然后成为稳定的元素。原子序数(或原子核中的质子数)相等、中子数(或质量数)不相等的元素称为同位素(Isotope)。

采用符号 $_{原子序数}^{质量数}Z$ 来表示元素。其中,质量数等于质子数与中子数之和,质子数等于原子序数,Z 是元素名称。因为质子数与原子序数相同,所以也常写

为 ^{质量数}Z。对于铜来说，自然界存在两种稳定的同位素，表示为$^{29}_{63}$Cu 和$^{29}_{65}$Cu，即原子序数为 29，质量数分别为 63 和 65。

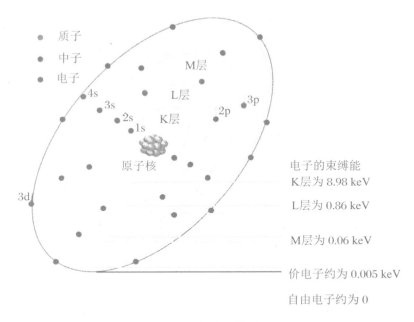

图 3.1　铜原子模型

　　地球上自然存在的原子序数为 1 到 92 的元素中，大部分元素都有同位素，且其大部分都是稳定的同位素（Stable Isotope）。它们的原子核中没有多余的能量，从而能够稳定地维持这种状态（一般来说，同位素元素表示单个元素，而日语"同位体"表示同位素元素的集合）。

　　自然元素中存在放射性同位素（Radio Isotope，RI）。这些放射性同位素的原子核中具有多余的能量，并通过释放能量，转变为稳定的元素。通常存在着 92 种原子序数不同的纯物质，但其中具有的放射性同位素只有 10 种左右。广为人知的有，氢的同位素氚（^{3}H 或 T）、^{14}C（碳－14）、^{40}K（钾－40）等。

　　如果原子序数相同，那么这些元素的化学性质会极为类似。一般来说，无法将放射性同位素与稳定同位素区别开来（同位素元素之间微小的物理、化学性质的差异称为同位素效应。同位素效应主要来自其质量的差异）。因为放射性同位素和稳定同位素的特性相同，所以在稳定同位素中添加极少的放射性同位素（通过检测其释放的能量量子束来探测放射性同位素，与一般的稳定同位素检测相比，检测精度可以提高 6～9 个数量级，即 10^6～10^9 倍），然后追

辐射与能量

踪其行为,这是生物学和医学领域常用的方法,称为同位素示踪(Tracer)
技术。

3.1.2　从放射性同位素释放的能量(量子束)

图 3.2 所示为放射性同位素释放能量的三种典型模式。这三种模式分别
为释放 He 原子核(He^{2+})的 α 衰变、释放电子的 β^- 或 β^+ 衰变、以电磁波形式释
放能量的 γ 衰变。放射性同位素释放的能量经过一定时间后,减少一半。这种
减少一半的时间称为半衰期(参见 2.2.2 小节)。

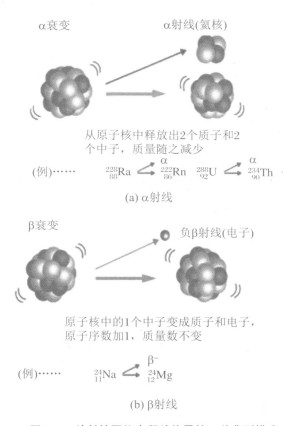

图 3.2　放射性同位素释放能量的三种典型模式

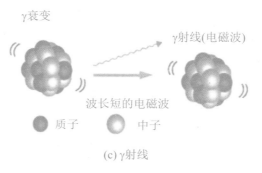

γ衰变

γ射线(电磁波)

波长短的电磁波

质子　　中子

(c) γ射线

图 3.2　放射性同位素释放能量的三种典型模式(续)

　　以氢为例,原子序数为 1,原子核中有 1 个质子,周围有 1 个电子(表示为 ^1_1H)。氢除了这种元素外,还有氘(表示为 ^2_1H 或 D)和氚(表示为 ^3_1H 或 T)两种同位素。氘的原子核中具有 1 个质子和 1 个中子,氚的原子核中具有 1 个质子和 2 个中子。氚的原子核具有多余的能量(0.0186 MeV),处于不稳定状态。在图 3.3 中,氚原子核中的 1 个中子释放出电子,自身转变为质子,元素的原子序数增加 1,从而转变为氦。多余的能量被分给电子与氦,电子具有的最大能量为 0.0186 MeV。氚从能量高的 ^3_1H 状态,经过 12.33 年的半衰期,发生 β 衰变(通常电子具有负电荷,记为 $β^-$,以区别于具有正电荷的 $β^+$),成为 ^3_2He。

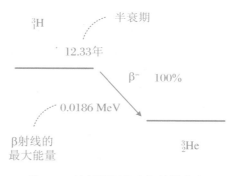

^3_1H　　　半衰期

12.33年

$β^-$　100%

0.0186 MeV

β射线的
最大能量

^3_2He

图 3.3　放射性同位素氚的核衰变

3.1.3　自然界存在的放射性同位素

　　如果通过某种方式对稳定同位素注入能量,那么就可以得到放射性同位

辐射与能量

素。放射性同位素在释放出能量后,会回到稳定同位素的状态。现在地球上的大部分元素都是稳定同位素,但也存在不少的放射性同位素。地球诞生时,地球整体具有巨大的能量,换句话说,存在各种各样的放射性同位素。这些放射性同位素不停地释放能量,到了 47 亿年后的现在,以放射性同位素的形式存在的元素变得很少了。如图 1.5 所示,现在地球上天然存在的放射性同位素有 ^{40}K、^{87}Rb、^{147}Sm、^{176}Lu、^{187}Re 等,还有用作核反应堆燃料的 ^{232}Th、^{235}U、^{238}U 等。这些元素的半衰期非常长,因此至今仍没有消失,还存在于地球中。此外,如图 1.7 所示,通过 ^{40}K 释放的辐射分布可以看出,蔬果中的 ^{40}K 是如何分布的。

在地球上,除了这些超长半衰期的放射性同位素之外,还有一些稳定的同位素从宇宙射线获得能量,从而转变成放射性同位素。前文介绍过的氚和碳 - 14(^{14}C)就是这样的例子。氚的产生原因除了宇宙射线外,还与 1970 年代进行的核试验有关。自古以来,因为宇宙射线导致的生成与衰变导致的消失之间存在平衡,所以地球上的氚浓度基本维持在一定水平。但是,核试验产生了大量的氚,在地球上散布了比天然数量大约多 100 倍的氚。之后因为停止核试验,且氚的半衰期很短,核试验产生的氚基本上衰变消失了,所以氚浓度恢复到了核试验之前的水平。^{14}C 同样在宇宙射线导致的生成与衰变导致的消失之间存在平衡,其浓度自古以来维持在一定水平(见图 1.6)。

生物在存活时,通过代谢,从空气中吸入碳元素或排出碳元素,因此体内的碳元素中的 ^{14}C 浓度处于一定水平。当生物死后,代谢停止,生命活动停止后的生物体内的 ^{14}C 浓度因核衰变而逐年减少。因此,通过测定生命活动停止后的生物体内的 ^{14}C 浓度,可以判断它的生命活动停止后经过了多少年。考古学上利用这种方法,根据发掘的木简、家具、日常用品等中含有的 ^{14}C 来进行年代测定。

镭温泉、氡温泉是人们已知的含有天然辐射的温泉。镭温泉指的是镭 - 226(^{226}Ra)的含量大于亿分之一克/升(1×10^{-8} g/L)的温泉,氡温泉指的是 ^{226}Ra 经过 α 衰变生成的气体元素氡 - 222(^{222}Rn)的浓度大于 74 Bq/L 的温泉。这个例子说明有些人相信微弱的能量量子束的刺激能够促进健康。这就是一个辐射兴奋效应。Ra 和 Rn 是接下来讨论的铀(U)和钍(Th)经过放射性衰变后形成的部分产物。

在矿石中,有许多像独居石(Monozite)和磷光石一样,含有用作核反应堆燃料的^{235}U,以及将来能够用作核反应堆燃料的^{232}Th 或^{238}U。如果地下存在许多这样的元素,那么该地域的天然辐射水平肯定高。煤炭里面也含有 Th 或 U,其 Th 和 U 的含量均为 0.002~0.02 Bq/g。因此火电站的废气中含有 Rn,排灰中含有 U、Th 和 Ra。在火电站的煤渣堆放场,来自煤渣的照射剂量率最大可达 0.2 mSv/y,相当于天然辐射剂量的 1/10 左右。

3.1.4 自然界的能量量子束对人体的照射

如上所述,自然界中存在的能量量子束源包括:从地球诞生时就存在的放射性同位素、宇宙射线本身以及由宇宙射线生成的放射性同位素。人们一直接受着来自这些束源的各种能量量子束的照射。来自宇宙的能量量子束的剂量为每年 0.3~4 mSv。由于高空没有空气的屏蔽,高空 1500 米处的照射量为地面的 2 倍。以此为依据,在约 10000 米高空乘飞机往返东京与纽约时,人会受到 0.2 mSv 的照射。

自然界中存在的能量量子束照射还有摄取的食物中的放射性元素带来的照射。另外,地表的照射包括:来自含有 U 和 Th 的地下磷光石等的照射,磷光石制成的磷肥带来的照射,再加上火电站、核电站释放的放射性同位素、核试验产生的放射性同位素的照射,每年累计可达约 2.4 mSv(见表 3.1)。但是,全球不同地域的能量量子束的剂量有过百倍的差别(见表 1.2)。在日本产铀的人形岭,局部地区的剂量会达到平均值的 10~20 倍。

所有的恒星都释放能量,太阳就是地球的能量来源。恒星释放不同种类、不同能量大小的能量量子束。非常幸运的是,地球大气为人类屏蔽了那些非常危险的、能量高于紫外线的能量量子束。因此,人类以及其他生命体才得以在地球上生存繁衍。

地球诞生后经过数十亿年,诞生了生命。有的学说认为,能量量子束(辐射)对于生命的诞生起了作用。能量量子束可以引发某些通常不可能发生的化学反应。当能量量子束照射到由碳、氢、氮、磷等构成的无机物质时,引发了某种化学反应,从而产生有机物质,乃至生命体。还有的学说认为,当生命体以某种形式诞生后,继续受到能量量子束的照射,通过引发突然变异,为生命的进化作出了某种贡献。地球在出现生命时，辐射的水平肯定比现在高，不论是正面影响还是负面影响，辐射应该发挥了不小的作用。当然这些还都是研究中的课题，没有确凿的证据。或者说，地球上的生物从远古开始，就一直承受着某种程度的辐射，从而提高了耐辐射性，以适应辐射环境。换句话说，可以认为细胞和DNA增强了生物受到照射后的自我修复功能。这些内容将在第8章给予介绍。

表 3.1　天然辐射束源引起的照射的年间实际剂量(全球平均值)

照射源	年间实际剂量(mSv)
宇宙射线	
直接电离以及光子成分	0.28
中子成分	0.1
来自宇宙射线的不稳定元素	0.01
宇宙射线及其生成元素的合计	0.39
大地辐射	
室外	0.07
室内	0.41
室外与室内的合计	0.48
吸入照射	
铀系和钍系	0.006
氡－222	1.15
氡－220	0.1
吸入照射合计	1.26
食物摄取照射	
钾－40	0.17
铀系和钍系	0.12
食物摄取照射合计	0.29
总计	2.4

资料来源:关于辐射的束源与影响、原子放射性的影响的联合国化学委员会大会提交的报告书[D].实业公报社,2002(3):165。

3.1.5　从碘－131和铯－137释放的能量与照射

碘和铯曾在福岛核事故中引起大家的关注。图3.4所示为碘和铯的衰变过程。碘－131(^{131}I)发生β衰变,放出电子,经过8.05天的半衰期,变成氙－131(^{131m}Xe)。有许多种能量状态不稳定的^{131m}Xe原子核,基本上在瞬时(ps为皮秒,即10^{-12} s;ns为纳秒,即10^{-9} s)以γ射线的形式释放其多余的能量。用"%"来表示经过的能量释放进程。在该衰变释放的主要能量量子束中,β射线的能量为0.248 MeV(2.1%)、0.334 MeV(7.27%)、0.606 MeV(89.9%),括号内的数值表示其概率;γ射线的能量为0.802 MeV(2.62%)、0.284 MeV(6.14%)、0.364 MeV(81.7%)、0.637 MeV(7.17%),括号内的数值表示其概率。^{131}I的能量量子束的释放强度为$4.6×10^{15}$ Bq/kg。

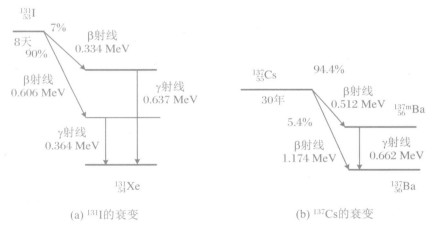

(a) ^{131}I的衰变　　　　　　　(b) ^{137}Cs的衰变

图3.4　碘－131和铯－137的衰变

体外照射时,β射线的能量会大部分传递给皮肤,引发烫伤等症状。与进入体内传递能量的γ射线相比,诱发癌症的风险要小得多。体内照射时,碘容易蓄积在甲状腺中。因为蓄积碘释放β射线,甲状腺组织直接受到能量的照射,所以增加了甲状腺癌的发病率。如果经口摄取的^{131}I为10000 Bq,换算成^{131}I的质量为$2.2×10^{-9}$ g,实际剂量为0.22 mSv。人们摄入碘的主要途径是通过"牧草→牛→牛奶→人"这样的食物链。碘的这一转移速度非常快。碘在牧

辐射与能量

草上沉积 3 天后，牛奶中的放射性碘的浓度会达到最大值。从牧草中取出的碘的有效半衰期为 5 天。推算表明，如果 1 m² 的牧草地沉积了 1000 Bq 的 ^{131}I，那么 1 升牛奶中就会含有 900 Bq。针对外部照射的情况，如果 1 m 距离处有一个 10^8 Bq（相当于 0.022 mg 的 ^{131}I）的小束源，那么每天受到 γ 射线照射的剂量当量为 0.0014 mSv。

^{137}Cs 的半衰期为 30.7 年，发生 β 衰变后，变成 ^{137}Ba。其中 94.4% 先变成准稳态的 ^{137m}Ba，然后以 2.6 min 的半衰期，发生 γ 衰变，形成稳态的 ^{137}Ba。释放的能量量子束是能量为 0.512 MeV（94.4%）和 1.174 MeV（5.6%）两种 β 射线中的一种。当释放 0.512 MeV 的 β 射线时，还会随着释放 0.662 MeV（85.1%）的 γ 射线。^{137}Cs 的能量量子束的释放强度为 3.2×10^{12} Bq/kg。这一数值比 ^{131}I 的释放强度小得多，因为 ^{137}Cs 的半衰期比 ^{131}I 的半衰期长得多，所以单位时间内能量量子束的释放强度要低得多。若经口摄入的 ^{137}Cs 为 10^4 Bq，则实际剂量为 0.13 mSv。如果 1 m 距离处有一个 10^8 Bq（320 mg）的束源，那么每天受到 γ 射线照射的剂量当量为 0.0019 mSv。

Cs 中还有放射性同位素 ^{134}Cs，其半衰期只有短短的 2 年，在福岛核事故后不久曾检测到它的存在，但最近已经衰减得非常微弱了。

福岛核事故释放的放射性物质中，议论较多的是 ^{131}I 和 ^{137}Cs，这是因为与长寿命的元素相比，两者的半衰期都短，因此单位时间内释放的辐射强度都比较高，释放的能量也比较大。福岛第一核电站周围的辐射强度在 3 次氢气爆炸后大幅上升，然后缓慢降低。最初的降低幅度比较大，这是因为半衰期比较短的 ^{131}I 衰减，其半衰期只有 8.05 天。之后，辐射的衰减变得比较缓慢，因为 ^{137}Cs 的半衰期为 30.7 年。如果不再释放新的放射性物质，那么辐射强度将会逐渐降低，但还是能够检测到半衰期比 ^{131}I 和 ^{137}Cs 更长的放射性同位素释放的能量量子束。

3.2　来自太阳的辐射

太阳是地球的能量之源，从这个意义上说，它也是地球的生命线。太阳里面的能量来自核聚变反应,其反应途径如图3.5所示,非常复杂。综合起来看,4个质子和2个电子通过聚变反应生成1个^{4}He,该反应产生的26.65 MeV能量以He的动能、γ射线以及中微子的形式释放出来。因为核聚变反应非常慢,且发生在太阳内部,所以反应生成的γ射线不会直接从太阳表面释放出来,而是在太阳内部经过反复多次的能量吸收与释放,变换成波长更长的X射线、紫外线和可见光。

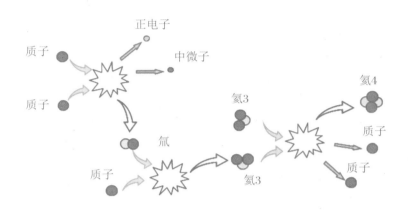

反应	释放能量	反应平均时间
$p + p \rightarrow D + e^+ + v$	+0.4 MeV	140 亿年
$e^+ + e^- \rightarrow 2\gamma$	+1.0 MeV	10^{-19} s
$p + D \rightarrow {}^3He + \gamma$	+5.5 MeV	5.7 s
${}^3He + {}^3He \rightarrow {}^4He + 2p$	+12.85 MeV	100 万年
合计		
$4p + 2e^- \rightarrow {}^4He + 6\gamma + 2v$	+26.65 MeV	

图 3.5　太阳内部发生的核聚变反应

表3.2所示为从太阳表面释放出来的能量量子束的种类、能量和各自占比,大部分的能量是以紫外线、可见光和红外线的形式释放的。大家都知道,彩虹的存在证明了太阳光是由各种不同波长的光所组成的。进一步分析可知太阳光中各种波长的光的强度与比例(见图3.6,此图也称为太阳光谱图)。强度最高的是$0.5\ \mu m$附近的光,然后是$0.4\sim100\ \mu m$范围内的光。这一光谱与加热到5750 ℃的黑体释放的光谱类似,反映了太阳表面的温度信息。因为地球

辐射与能量

受到大气覆盖，大气中的水和CO_2等会吸收一部分太阳光，所以在到达地表的太阳光的波长分布中出现了一些缺口。

表 3.2　从太阳表面释放出来的能量量子束的种类、能量和各自占比

能量量子束种类	波长（能量）	释放比例
γ射线	小于 10 nm（约 0.1 MeV）	极微量
X射线	10~400 nm（100~1000 eV）	极微量
紫外线	小于 0.4 μm（小于 6 eV）	大约 7%
可见光	0.4~0.7 μm	大约 47%
红外线	0.7~100 μm	大约 46%
电波	大于 100 μm	极微量
中微子		微弱到可以忽略
α射线、β射线、电子、He 原子核、质子		在太阳耀斑等表面产生，不会到达地表

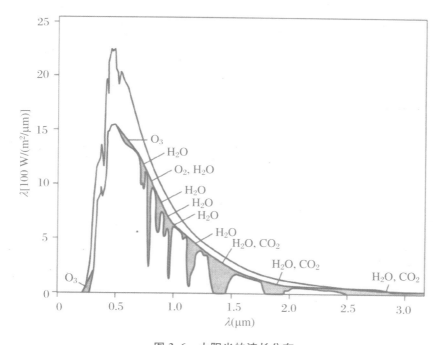

图 3.6　太阳光的波长分布

资料来源：Peinuto J P. Ort A H.，Physics of Climate[J]. American Institute of Physics NY，1992。

从图 3.6 可知，对人类有威胁的紫外线（10 eV，小于 0.3 μm 的短波长的光）大部分不会到达地表，波长为 0.5 μm 的光（3 eV，刚好相当于红色光）最强，红外领域的光也有部分被大气吸收。对人类有威胁的紫外线大部分不会到达地表，这也是地球上以人类为主、所有生物得以生存的原因。大家知道，澳大利亚的紫外线比较强，因此皮肤癌的发病率极高。在沙漠和热带草原那样的干燥地带，大气中的水对光的吸收也比较少。关键在于，紫外线的照射其实就是能量量子束的照射。

3.3 核反应堆

核反应堆以铀－235（^{235}U）为燃料。当中子入射到 ^{235}U 上时，变成不稳定的核 ^{236m}U，然后再次核分裂，生成核裂变产物 ^{A}Z$_1$ 和 ^{B}Z$_2$，同时释放 N 个中子和 γ 射线，如图 3.7 所示。

$$n + {}^{235}U \rightarrow {}^{236m}U \rightarrow {}^A Z_1 + {}^B Z_2 + Nn + \gamma's$$

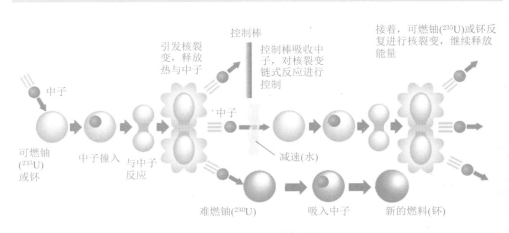

图 3.7 铀的核裂变模式

资料来源：www.athome.tsuruga.fukui.jp，获得转载许可。

释放的能量等于右边的质量总和与左边的质量总和的差值 Δm，

辐射与能量

$$E = \Delta m \times c^2$$

式中，c 为光速。核裂变生成的产物并不是固定的元素，而是包括质量数小于 100 左右的核与质量数大于 100 左右的核（见图 3.8）。同时，在反应中产生的中子数 N 满足关系 $N = (1 + 235) - (A + B)$。

下面是其中的一个裂变反应。

$$n + {}^{235}U \rightarrow {}^{144}Ba + {}^{89}Kr + 3n + \gamma's$$

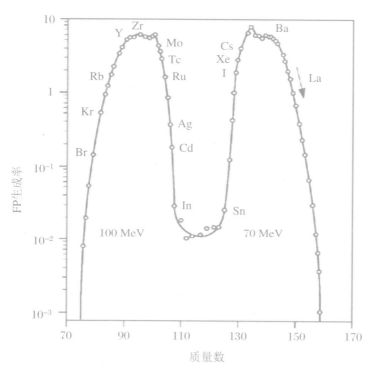

图 3.8　${}^{235}U$ 的核裂变生成物的质量数分布

资料来源：B. R. T. Frost，R. I. C. Reviews，1969。

此时，根据反应前与反应后的质量差，释放出 173 MeV 的能量，这些能量转化为 ${}^{144}Ba$ 和 ${}^{89}Kr$ 这两个裂变产物（Fission Products，FP）、3 个中子的动能，以及 γ 射线的能量。核裂变的种类很多，释放的能量也各有差别。平均来说，每一次核裂变释放的能量为 180 MeV，产生的能量转化为核 ${}^A Z_1$ 和 ${}^B Z_2$ 的动能 （168 MeV）、N 个中子的动能（4.8 MeV）和 γ 射线的能量（7.5 MeV）。但是，生

成的核 $^A Z_1$ 和 $^B Z_2$ 未必稳定，有可能形成的是具有多余能量的核，即放射性同位素。表 3.3 所示为 1 个 ^{235}U 发生核裂变时产生的核裂变元素的种类、产生比例及其半衰期。从中可以看出，Cs 和 I 这两个元素的比例还是比较大的。大部分的核裂变产物元素都是放射性同位素，但也有像 ^{149}Sm 和 ^{157}Gd 这样没有放射性（原子核中没有多余的能量）的元素。

表 3.3 ^{235}U 的核裂变产物

1 个 ^{235}U 的核裂变的发生比例	核裂变产物名称	半衰期
百分之几	^{132}Te	8.02 天
6.7896%	^{133}Cs → ^{134}Cs	2.065 年
6.3333%	^{135}I → ^{135}Xe	6.57 小时
6.2956%	^{93}Zr	153 万年
6.0899%	^{137}Cs	30.17 年
6.0507%	^{99}Tc	21.1 万年
5.7518%	^{90}Sr	28.9 年
2.8336%	^{131}I	8.02 天
2.2713%	^{147}Pm	2.62 年
1.0888%	^{149}Sm	非放射性
0.6576%	^{129}I	1570 万年
0.4203%	^{151}Sm	90 年
0.3912%	^{106}Ru	373.6 天
0.2717%	^{85}Kr	10.78 年
0.1629%	^{107}Pd	650 万年
0.0508%	^{79}Se	32.7 万年
0.0330%	^{155}Eu → ^{155}Gd	4.76 年
0.0297%	^{125}Sb	2.76 年
0.0236%	^{126}Sn	23 万年
0.0065%	^{157}Gd	非放射性
0.0003%	^{113m}Cd	14.1 年

一次核裂变大约释放 180 MeV 的能量。在核反应堆中，这些能量大部分转变为热能，用来发电。然而，其中有大约 8% 的能量，即 14.4 MeV 转化为核能储存在裂变产物的放射性同位素中。然后，各种放射性同位素按照半衰期，

辐射与能量

急剧地或者缓慢地释放出这些能量。福岛第一核电站的核燃料之所以继续发热，从而需要冷却，其原因就是这些裂变产物的放射性同位素仍在不断释放能量。

因为一次核裂变释放的中子数大于 2，如果存在的^{235}U 的数量超过一定值（临界量），那么多余的中子就会不断地引发新的反应，即产生连锁核反应。条件合适的话，会引发爆炸，这就是原子弹的原理。在自然界存在的铀中，大部分是不会产生核反应的^{238}U，而^{235}U 的含量只有 0.7%。因此，天然铀是不可能制成原子弹的，需要对^{235}U 进行浓缩。在核反应堆中，核裂变反应产生的中子中的一部分被中子吸收材料吸收。这种作为控制棒的中子吸收材料通常采用硼（^{10}B）和镉（^{113}Cd），这样就可以在维持连锁反应的状态下，控制中子的数量，并取出能量。此外，^{238}U 吸收中子后，会转换成^{239}Pu。^{239}Pu 在吸收中子后，也会发生核裂变反应。快中子增殖堆就是利用这个原理，同时达到^{239}Pu 的生成（增殖）和发电的目的。

通常核电站使用的核反应堆是轻水堆。因为核裂变反应产生的中子的能量太大，所以需要利用水来吸收掉其中的一部分，从而降低中子的能量（称为减速，水被称为减速剂），以使核反应得以持续。如图 3.9 所示，采用二氧化铀作为核燃料，将这些核燃料装填进以锆为主要成分的锆合金（Zircalloy）细管（包壳管）中，形成燃料棒（Fuel Rod）。这样的燃料棒 8×8 根集中在一起（燃料组件，Fuel Assembly），再放入反应堆内。在反应堆的运行温度下，包壳管不会发生氧化。核裂变反应产生的裂变产物也被密封在这些包壳管内。

此次福岛第一核电站发生的氢气爆炸，就是因为锆合金中的主要成分锆在高温下与水发生反应，生成 ZrO_2，同时产生氢气。

$$Zr + 2H_2O \rightarrow ZrO_2 + 2H_2$$

由表 3.3 可知，在设计核反应堆时，要保证不论发生什么事情，燃料棒都不会处于高温，且作为事故应对措施，还必须安装紧急炉心冷却装置。福岛核事故时，该紧急炉心冷却装置最初进行了工作，但由于丧失了电源，后来又停了下来。高温下的锆水反应是放热反应，温度越高，反应速度越快。有人认为，此次事故扩大的一个原因是，决定利用海水注入来进行冷却的时间太晚了。此外，由于这个氧化反应，即使核燃料不发生熔化，其包壳管也丧失了功能，从而使得核燃料露出来并与水发生反应，向外释放裂变产物。核燃料即使放在乏燃料水池里面也会持续发热,如果没有冷却水或者冷却水不够,导致燃料棒的一部分露出水面,那么就会破坏包壳管,进而将本来封闭在燃料棒内的裂变产物释放到外部。

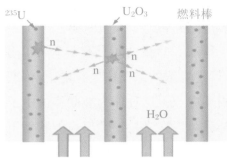

燃料棒之间流动的水(H_2O)起到冷却和减速中子(n)的作用

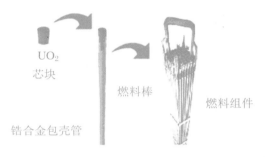

图 3.9   水对中子的减速作用和燃料棒的实际形状

3.4   福岛第一核电站

接下来讨论福岛第一核电站释放的裂变产物。如表 3.3、图 3.8 所示,裂变产物有许多种类。福岛核事故中出问题的裂变产物中,铯和碘不但生成率高,而且两者的蒸气压也高。当包壳管失去封闭裂变产物的功能后,这些元素立刻就被释放出来。由表 3.3 可知,生成率高的 ^{132}Te 也被释放了出来,而且在事故初期也检测到了 ^{90}Sr。^{132}Te 对事故不久之后的照射剂量有着很大的"贡献",但因为其半衰期只有 3.2 天,非常短,所以衰减得非常快,现在已经基本消失。大致上来说,半衰期短的放射性同位素会在短期间内释放其能量,虽然释放的能量量子束的能量随着同位素的不同而不同,但释放出的能量量子束强度(Bq数)则增加。因此半衰期短、熔点低(蒸气压高)的元素在事故不久之后的检测值非常高。事故已过去 6 年了(本书写于 2017 年),半衰期约为 30 年的 Cs 仍然在持续释放着能量。换言之,如果现在还能检测到^{132}Te,那就说明又发生了新的核反应。因为事故之后没有检测到新的^{132}Te,所以说明反应堆内没有发生特别大的异常现象(如出现再临界以及随之出现的能量释放)。

如第 1 章所述,第二次世界大战后大国在大气层内的核试验向全世界散布了裂变产物。从 1955 年到 1963 年,大气中的能量量子剂量比天然辐射高 2～3 个数量级。但是,自 1963 年缔结部分禁止核试验协定以来,基本上没有了大气层内的核试验,大气中的剂量持续减少。即使在发生切尔诺贝利和三里岛(TMI)核电站事故时,虽然能够检测到能量量子剂量的上升,但还不足以改变辐射剂量减少的趋势。在福岛核事故时,在福岛相距遥远的九州玄海核电站的厂区内,也检测到了 Cs(当然还没有达到影响公共卫生安全的水平)。散布在大气中的放射性裂变产物有许多种类,它们的半衰期不同,衰减的方式也不同。其中半衰期较短的^{3}H 和^{14}C 导致的剂量已经分别降低到 1/50 和 1/10 的程度。现在这些裂变产物导致的剂量已基本回到了第二次世界大战之前的水平。Cs 和 I 也随着半衰期在持续减少,^{137}Cs 的半衰期约为 30 年,现在已衰减了当初水平的大约 2/3。考虑到存在各种放射性裂变产物,从现在的测定结果来推测 1963 年的情况,当时地上的剂量率应该是现在的 10 倍以上。由于没有当时的检测数据,如果现在通常的剂量率为 0.01～0.1 μSv/h,当时的剂量超过现在的 10 倍的话,那么当时的剂量率应为 0.1～1 μSv/h,这个数值已经大于现在福岛市的剂量率了。

从 1963 年至今,已有 50 多年了,现在发达国家的癌症发病率呈数量级增加,这不是放射性造成的结果。主要原因是生活方式的改变、寿命的增加。以后(可能)出现的照射影响也是很难预判的。当然,这里并不是说福岛是一个安全的地方,而是希望能够提供一个判断基准,使大家能够沉着应对。

第 6 章还会详细叙述的是,通过测定能量量子束(辐射)的种类,可以推测现在发生了什么事情。能量量子束虽然眼睛看不见,但很容易探测。利用可靠的探测装置(日本国内销售的装置大多都是值得信赖的)来持续探测,就可以确保安全,从而给大家带来安全感。

3.5　人工能量量子束源

科学技术的发展使人类可以利用各种方式或机制来产生能量量子。可能有人认为,天然的辐射(能量量子束)与人工能量量子束是不同的东西,但实际上只要两者携带能量的粒子种类和携带的能量相同,那它们就是完全一样的东西。

从历史上看,大量的人工放射性物质是由原子弹爆炸产生的,并且被散布到整个环境中,或者说,散布到对此一无所知(没有被告知)的人身上。这确实是一件非常不幸的事情,从能量利用的观点看也是如此。

如前文所述,随着科学技术的发展,人们已经知道,辐射就是能量量子束,携带高能量的能量量子束就是我们讨厌的辐射。现在,人们已经能够跨越天然与人工的界线,控制能量量子束,安全地处理能量量子束。以下通过与天然辐射相对比,来介绍作为人工能量量子束源的加速器、X射线发生装置和最近发展很快的激光。

3.5.1　加速器

产生带有电荷的能量量子束,如质子(H^+)或电子(e^-),并不是一件很困难的事情。由图1.2可知,对原子施加几电子伏的能量后,原子里的电子就会脱离原子核的束缚,从而使原子离子化。离子化所需的能量对于碱土金属来说特别小,只要加热到2000℃左右,就能使其一部分离子化。如图3.10所示,在真空或低压气体中配置用于加热的灯丝、正负电极。在真空中加热灯丝,灯丝会发射电子(称为热电子),此时施加一个静电场(在两个电极之间施加电位差(电压)),加速电子,可以获得高能量的电子。X射线发生装置也是利用这一原理。另外,如果在系统中保留一点点气体,或者从灯丝蒸发出一些物质,那么这些气体中的分子或原子将在电子的作用下发生离子化。离子具有正电荷,在与负电荷电子相比、正负刚好相反的静电场作用下,可以对离子进行加速(传递能量)。在两个电极之间能够施加的最大电位差(电压)受到电源和绝缘的限制,一般可以达到百万伏特(1 MV)左右。利用这一原理得到的电子束、离子束,其粒子能量可以达到 1 MeV。通常的电子显微镜采用的是加速到数百 keV 的电子束。这个能量可以与放射性同位素^{137}Cs 释放的 512 keV 的电子能量相匹敌,且大于^{131}I 释放的电子的平均能量 190 keV。根据这一原理,人们可以利用简单的方法(实际上做起来并不那么容易),获得比天然存在的辐射能量更高的能量量子束,并对其进行应用。

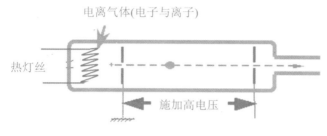

图 3.10　静电加速器原理图

加速器还可以实现能量更高的能量量子束。在高能研究所,可以产生比 MeV 高 3 个数量级的 GeV 的质子束,或者质量更大的粒子束。命名为"日本"(Nihon)的新元素𬬻(Nh),就是通过这样的加速创造出来的。元素相互之间发生碰撞,可以形成质量更大的元素。

3.5.2　X 射线发生装置

现代社会中,X 射线得到了广泛应用,图 3.11 所示为它的产生原理。首先产生热电子,然后让这些热电子向着被称为靶的具有正电位的电极加速,并与其碰撞。电子入射到靶的材质(通常为铜或钨,这里以铜为例)中,与被铜原子核束缚的内层电子碰撞,并将这些电子撞击出来。外层的电子将会被吸引跃迁到撞击电子留下的位置(称为电子空穴)处。此时,多余的能量以电磁波(X 射线)的形式释放出来。这种 X 射线又称为特征 X 射线(见图 3.12)。图 3.14 表示实际产生的 X 射线的能谱。从图 3.13 所示的电子束缚能可知,如果入射电子的能量太低,不能在内层产生电子空穴,那么就不能产生特征 X 射线(见图 3.14)。另外,在低能一侧产生的 X 射线会在靶的内部失去能量。这个例子表明,由于携带能量不同,能量量子束与物质的相互作用也会大不相同。

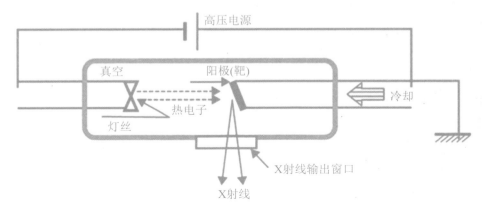

图 3.11 X 射线发生装置原理图

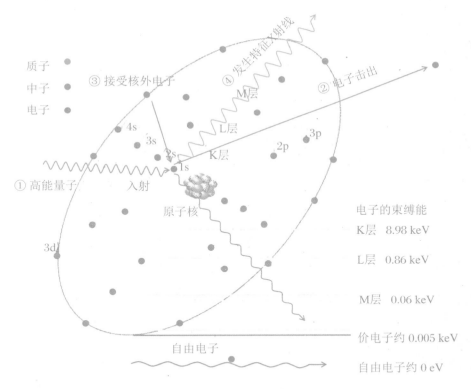

图 3.12 以铜原子为靶时的 X 射线产生原理

辐射与能量

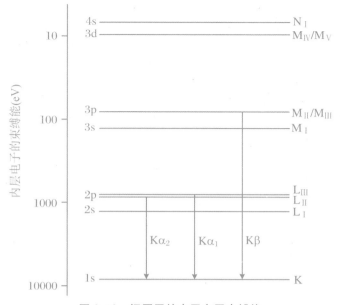

图 3.13 铜原子的内层电子束缚能

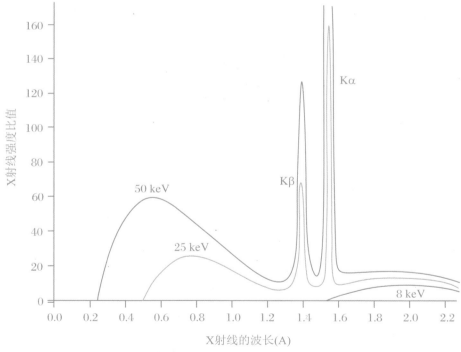

图 3.14 入射电子束能量分别为 **8 keV、25 keV、50 keV** 时产生的 **X** 射线能量分布
注:入射电子能量小于 **X** 特征射线时,不产生 **X** 特征射线。

X射线发生装置中采用的是高能电子。如果采用同样能量的X射线来代替电子，那么也能够与电子一样产生X射线。在荧光X射线分析装置中，利用高能X射线照射物质，然后测定所产生的X射线的能量分布。由于特征X射线具有元素固有的能量，通过分析X射线的能量分布，可以判定物质含有什么样的元素。利用X射线照射也能够产生电子，测定所产生的电子的能量分布，即X射线激发电子分光（XPS，X-ray induced Photoelectron Spectroscopy），与X射线一样，它也可以用于元素的判定。

X射线在入射到重物质或轻物质中时，损失的能量有很大不同。在轻物质中不损失能量，可以穿透，而在重物质中则难以透过。在拍摄X射线投影照片时，经常会利用这一现象。例如，在拍摄胃的投影照片时，先喝下一些钡，就是为了让阴影更加清楚。通过X射线投影可以了解物质内部的模样，因此常用于无损检测。更厚、更重物质的无损检测需要利用能量更高的X射线，但是这种高能X射线很难通过人工方法获得，此时可以利用放射性同位素释放的γ射线。

不管是否是人工能量量子束，只要知道了它们的特性，就可以对其进行控制、检测，从而进行有效的利用。当然，正因为是能量量子束，所以需要对其进行屏蔽或隔离，以避免对人体造成影响。

3.5.3　激光

近来，大家已经非常熟悉应用于各种场所的激光。激光也是一种电磁波。随着技术的进步，人类已开发并应用了具有各种不同能量、强度、连续性、脉冲宽度的激光。这里，希望大家在使用激光时，关注激光的几个特性，尤其是功率。

激光多是可见光，可以利用透镜对激光进行会聚，从而提高单位面积内的照射功率。据此，开发出了工业用的激光切割机、医疗用的激光手术刀。连续输出的激光相对来说要简单一些，只要用激光功率乘以时间，就是所照射的能量。当激光为脉冲时，可以进一步提高其功率。假如激光为连续输出，功率为 $1\,\mathrm{J/s}$，则其输出功率为 $1\,\mathrm{W}$。如果 $1\,\mathrm{J}$ 能量的输出时间缩短到 $0.1\,\mathrm{s}$，则输出功率为 10 W。近年来，激光短脉冲化技术的进步非常大，飞秒激光，即在 10^{-15} s 时间内输出功率的激光已经得到了应用。如果该激光在 10^{-15} s 时间内输出 1 J 的能量，那么其实际功率就是 10^{15} W！因为 10^{15} 又称拍（Peta，P），所以说已实现拍瓦级别的激光。

激光研究人员有一个梦想，如果能够进一步提高激光功率，直接轰击原子核，改变原子核内部的能量状态，那么就可以引发核裂变或核破碎。与稳定同位素相比，放射性同位素本来就不稳定（具有多余的能量），若用超强激光轰击它，则进一步对其施加多余的能量，增加了不稳定性，从而促进核衰变，缩短半衰期。

实际上，能量的传递和时间之间存在着图 1.2 所示的关系，并不能仅靠提高功率来实现上述梦想。但是如果能够实现艾（E，表示 10^{18}）激光，即在 10^{-18} s 时间内，输出 1 J 的能量，那么就有可能接近这一梦想。

一旦实现这一梦想，在那些如今"不可侵犯"的领域，或者说只有应用核反应堆才能够进入的领域，人类也能够轻松地进行控制。这也是本书的日文书名为"从能量的视角看辐射"的原因。

第4章 能量量子束源对物质(无机物、有机物、生物)的影响

4.1 对照射影响的评价

4.1.1 为什么不能确定放心或安全的照射剂量

由于福岛核事故在环境中散布了放射性物质,包括住在该区域的人们在内,大家都希望知道:"绝对安全的照射剂量是多少希沃特?"但是,对于低剂量的照射(大概低于每年 100 mSv),不可能制定一个照射剂量值(阈值剂量),以保证低于该剂量时照射对个人健康肯定无害。人们都认为照射的剂量越低越好,但低剂量并不一定是保证健康的绝对条件。从辐射兴奋效应的角度来看,某种程度的能量量子束(辐射)的照射,即稍高于天然辐射的照射,还有可能达到增进健康的效果。有报告说,严酷的环境能够促进生物进化。如果说需要某种程度的刺激来诱发基因良性突变,那么自然界中存在的辐射可能在一直给予人类刺激。关于这方面的内容,第8章还将进一步加以介绍。

天然辐射造成的全球平均年间照射剂量为 2.4 mSv。人类一直承受着这

种天然的能量量子束的照射,在某种程度上具备了对照射的耐受力或恢复能力。如果维持这种状态,那么可能需要继续接受某种程度的能量量子束的照射(请不要误解,这并不是鼓励接受照射)。

日本人的平均年间辐射照射剂量为 6 mSv,其中约 2.1 mSv 来自天然辐射,约 3.7 mSv 来自医疗。日本人的医疗照射剂量远远高于世界标准。虽然会受到照射,但在健康诊断和医疗中使用辐射所带来的好处却远大于照射的坏处。现实情况是,在不发达国家,人们还很难享受到辐射医疗服务。因此,如何评价医疗照射对于人类的意义,并不是一件简单的事情。

4.1.2　照射的确定性影响和概率性影响

当受到轻微的能量量子束的照射时,并不存在一个对人体(生物)产生影响的阈值剂量。打个比方,农药的危害也是这样,不存在一个阈值,从而可以认为低于这个标准时,人吃下去绝对安全。此时可以做的是概率评价,当接受某种程度的照射或者摄入某一剂量的农药时,在 10 万人中会有多少人受到某种程度的健康危害。能量量子束的照射影响也是采用相同的概率评价方法。因为许多人在农田和农村接触到了农药,所以现在已经有一些数据,能够表明在 10 万人中有多少人出现了影响。然而,对于能量量子束而言,因为不可能进行人体实验,所以只能获取并积累那些在偶然的失误或事故中受到能量量子束照射的人,以及因工作不得不承受照射的职业人员的数据。在广岛、长崎受到照射的人们的数据,在评价照射影响时一直发挥着极为重要的作用,而且今后还将发挥重要作用。实际上,受到照射并出现健康损害的人员数量非常少,即便在 1000 个人里有几个人出现照射影响,那也是非常难确认的。

现在的情况是,对那些受到高剂量照射,并出现了明显的健康损害的人员(在广岛、长崎受到照射的人员、接受放射性治疗以及从事这一职业的人员、因事故受到照射的人员)进行数据整理,从而建立理论或模型,以表示照射剂量与出现影响之间的概率关系,并将这种关系向低剂量领域延伸,以预测照射影响的发生概率。

短时间内受到超过 1 Sv 的照射,对于个体来说一定会出现影响。这种由强照射导致的影响称为确定性影响（1977 年 ICRP 的建议中，称其为概率影响）。由照射引发，随着照射剂量的增加而症状加重的辐射症状中，现在已知的有脱毛、不孕、白内障等，详见表 2.3。表 4.1 所示为短时间照射导致的致死剂量，一方面，这种致死剂量会因个体差异而大不相同；另一方面，它只是表示在受到相同照射剂量时大约有一半生物会死亡的剂量，但致死剂量也会因个体不同而出现 2 倍以上的差异。表中数值的单位是 Gy，Gy 数值与 Sv 数值之间没有太大的差别。人在短时期内受到几希（Sv）的照射后，确实有生命危险。

能量量子束照射对人的致死剂量与对病毒和细菌的致死剂量相比，要小几个数量级。越是高等生物，其组织越复杂，也就越容易受到能量量子束照射的影响。

表 4.1　各种生物的照射致死剂量

生物	致死剂量（Gy）
哺乳动物	5～10
昆虫	10～1000
细菌的营养细胞	500～10000
细菌的孢子	10000～50000
病毒	10000～200000

资料来源：Sparrow A H. 联合国原子辐射影响科学委员会 1966 年报告之科学附件：辐射对环境的影响[J]. 辐射研究，1967(32)：915-945。

4.1.3　低剂量照射的影响评价和辐射防护

应该尽可能地降低辐射照射的剂量，这一点自不待论。但是，对于那些在福岛核事故中受到照射的人和不得不在放射性环境下工作的人，日本政府设定了一个照射剂量上限，将其作为不至于引起健康损害的标准，以避免更高剂量的照射。这一剂量上限的设定依据是不会明显超过日常生活中的癌症发病率（日本现在的癌症死亡数每年约为 35 万人，即每 10 万人中有 300 人；自杀死亡数每年约为 3 万人，即每 10 万人中有 25 人；交通事故死亡数每年约为 5 千人，即每 10 万人中有 4 人）。尽管如此，因为癌症死亡数一直都在增加，所以这种比较方法仍存在问题,也会因个人的生活方式不同而大不相同。例如,吸烟的人的肺癌发病率比不吸烟的人高3倍。后文还会介绍,除了个人的生活方式之外,人还具有从非健康状态恢复到正常状态的能力,这种恢复能力因人而异。因此,能量量子束照射引起的后果,如癌症发病率也是因人而异的。图4.1所示为不考虑这种个体差别,仅根据受到高剂量照射的人的数据,向低剂量领域外延,从而获得每1000个人中有1个人呈现照射影响的概率数据,即20~100 mSv。这是经 ICRP 召集相关专家讨论后得到的数值。最新的建议是2007年给出的,福岛核事故之后,针对这一建议,ICRP 认为,"紧急状态下为了保护公众安全,国家机关可以参考采用最高标准照射剂量范围20~100 mSv(ICRP 2007年建议),不需要作出变更"(ICRP 标准:4847-5603-4313,2011年3月21日)。基于这一标准,日本政府在受到福岛核事故影响的地区,将预测年间照射剂量超过20 mSv 的区域划定为计划避难区域,并将受到影响地区的居民的年间照射剂量修改设定为20 mSv 以下。因为以前的一般人的年间照射剂量设定值为1 mSv 以下,而此次将标准值一次性提高了20倍,所以引发了公众的不安。当初的1 mSv 数值确实是根据 ICRP 的建议来设定的,只是出于安全考虑,才设定为低于20 mSv 的数值。若问这个1/20的学术依据在哪里?则只能回答说"不存在"。一般运行状态下的核电站的放射性物质排放标准也是这样,在法律规定的排放许可值的基础上,在考虑安全性的基础上,再结合自我限制,进一步降低到1/10左右。

现在回到最初的问题,"绝对安全的照射标准是多少希沃特(Sv)?"换句话说"年间20 mSv 以下的照射是否绝对安全?"答案只能是"不"。然后,如果同样问,"年间1 mSv 以下的照射是否绝对安全?"那么答案依然是"不"。通常认为,受到100 mSv 以下的照射不会马上出现影响。令人担心的是照射之后,尤其是对儿童,会不会出现某种影响?当然这与个体间的差异、之后的生活环境有很大关系。过了几十年后,再去确定就是当初辐照造成的影响,这是极为困难的。

不管怎样,导致长期照射的主要因素是体内照射。低剂量的体外照射需要考虑的只有 γ 射线。但是,在体内照射时,能量量子束源进入身体内部,包括 α、β、γ 在内的所有能量量子束都必须考虑到。进入体内的束源可以经过生物半衰期被排泄出去,除了氚之外,氚的半衰期不是以天或周来计算的。无论是什么束源,在完全排出体外之前,都会对吸入的器官以及器官周围的特定器官

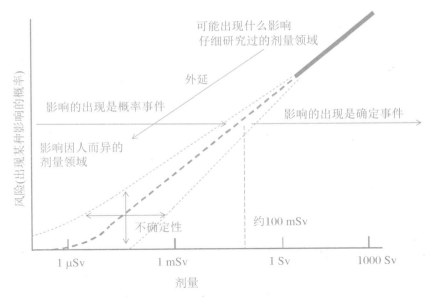

图 4.1　低剂量照射时的概率性影响

一直进行照射。体外照射时，只要移走束源或者远离束源，就可以降低照射剂量。在福岛核事故中，落入反应堆周边土壤中的束源经过 6 年，已经随着雨水浸透很深。可以利用胶带纸之类的东西去除土壤表面、建筑物表面的附着物，以降低照射剂量（胶带纸本身在附着放射性物质后，不能放置在身边，而要放入容器，远离人体）。蔬菜用水清洗后，也能去除相当一部分表面附着的束源。

当 γ 射线进入体内后，从体外也能检测得到，因此可以测定吸入的能量量子束源的强度（因为剂量率与束源的种类有关，所以需要进行仔细的剂量率变换）。如果测定结果低于天然放射性水平（1 年 2.4 mSv）的话，那么就不用担心。紧张不安和担心（心理压力）对健康不利。进入体内的能量量子束源释放的 α 射线和 β 射线，若束源没有靠近皮肤，则无法检测出来，此时只能依靠对排泄物进行检测。因此，人们才担心在甲状腺处沉积的[131]I。

将儿童的照射剂量基准从 20 mSv 降到 1 mSv，是比较妥当的。前文说过，避免受到外部照射是一件不难的事情，不要靠近束源（意为远离束源，后文同）或者不能靠近束源（意为屏蔽束源，后文同）就行。即使是附着了束源，也可以通过水洗等方法进行去除。束源从皮肤进入体内的可能性极小，所以不必为此担忧。但是，在福岛第一核电站的氢气爆炸时飞散的微小颗粒里，可能含有辐

辐射与能量

射非常高的物质。这些物质在 1 m 之外就可以检测出来。例如，在校园土壤表面附近（刮去表层土以后），每隔几十厘米进行一次检测，可以检测出这些颗粒的存在。由于不会再飞来新的放射性物质，如果通过测定了解了所在场所的辐射水平，那么就可以安心地开展活动了。应该尽量避免的是内部照射。束源从皮肤进入体内的可能性极小，但随着呼吸或食物一起进入体内，然后在特定器官内蓄积起来的可能性还是很高的。如果儿童在泥地打滚玩耍之后，那么只要去除身体表面的附着物即可。放射性物质一旦进入体内，再要去除则比较困难。在照射水平稍高的地区，应该戴上口罩，以避免放射性物质从口部或呼吸进入体内。

能量量子束虽然眼睛看不见，但很容易探测。利用可靠的探测装置来持续探测，就可以确保安全，从而给大家带来安全感。

接下来，将按无机物、有机物、生物，从原子、分子的微观尺度，尽量通俗易懂地讲解能量量子束照射对物质性质和人体的具体影响。

4.2　能量量子束的照射对物质的影响

一说到能量量子束照射的影响，马上就会让人联想到它对生物的影响。实际上所有的物质都会受到能量量子束照射的影响，因为能量量子束可以向物质传递它携带的能量。但是，这一能量的传递方式会随着能量量子束的种类不同而变化，同时当承受一侧的物质发生变化时，其承受的能量（传递能量）的影响也会不同。

如表 4.1 所示，越高等的生物，其组织越复杂，也越容易受到能量量子束照射的影响，致死剂量也就越低。相比病毒的影响，能量量子束对无机物的影响要小得多，尤其是能量量子束对金属的影响与其他物质相比则更小。人类即使受到反应堆生成的放射性产物释放的能量量子束的少量照射，也会出现很大的影响。与此对应，由钢铁为主要材料制成的反应堆压力容器即使受到能量量子束的相当量的照射，也能够维持它的稳定性。当然在能量量子束的照射影响下,材料会慢慢地变脆,因此为了确保安全,在法律上规定了压力容器的使用寿命(使用许可时间)。虽然核燃料和其他内部结构物体可以更换,但压力容器却不能更换。因此,压力容器的寿命决定了核反应堆的寿命。这一点将在本节详细说明。

4.2.1　能量量子束照射对无机物的影响

高能量子入射到物质后,量子通过两种过程失去它携带的能量。一种是,有时能量量子会像电子或离子一样携带电荷,其电荷与构成物质的原子中的电子之间发生库仑相互作用,从而将电子从原子处剥离出来,产生电子激励或者电离(离子化)现象。量子通过这一过程失去能量,称为电子激励能量损失或者传递。因此,当能量量子具有电荷时,它被称为电离辐射。另一种是,入射量子与原子核碰撞,从而对原子核传递足够的能量,使得该原子离开原来的位置,产生原子移位的现象(缺陷形成)。量子通过这一过程失去能量(生成缺陷),称为原子碰撞能量损失或传递。

入射的能量量子携带能量比较低的电磁波,以及不具有电荷的中子等,最初不会与电荷发生相互作用,所以称为非电离辐射。当电磁波的能量较高时,它作为光子与电子发生碰撞(康普顿散射),从原子处将电子电离出来。在高能量的中子与原子发生碰撞时,中子会击出原子,使原子离子化。因此,电离辐射与非电离辐射的区别并不那么重要。非常低能的中子辐射可以称之为非电离辐射。

电子激励能量损失(传递)与原子碰撞能量损失(传递)两者中的哪一种占比更大,与入射量子的能量大小有关。当能量很大时,由于电子激励会损失大部分的能量,而进入距离导致的能量损失率(dE/dx,阻止能)基本不变。这种能量损失方式称为线性能量传递(Linear Energy Transfer,LET)。当能量比较小时,原子碰撞引起的能量损失部分增加。一次原子碰撞引起的能量传递大于电子激励所引起的能量传递,入射量子在反复进行原子碰撞的过程中,迅速损失能量,最后停止下来。在入射量子失去能量后停止下来的终端(行程)附近,能量传递有最大值,称为通量峰值。另外,离子从表面入射到停止位置之间的垂直距离,称为入射离子的投影射程(R_p,也简称行程)。离子在反复进行原子碰撞的过程中向前行进,实际走过的路程比这个投影射程要大得多(见图 4.2)。

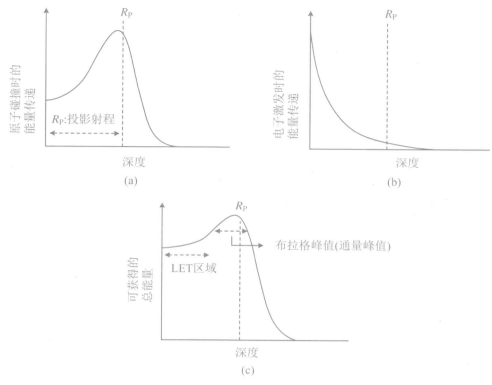

图 4.2　高能离子入射到物质时,入射距离与传递能量(碰撞截面)之间的关系

　　在确定高能离子的种类与最初的能量后,就可以确定它在体内的射程。现在的癌症放射疗法,就是利用碳离子进行照射,以杀灭体内出现的肿瘤。

　　当入射量子为电子或高能 γ 射线时,大部分是以电子激励的方式传递能量。而高能 γ 射线之所以与电子相同,是因为 γ 射线在与电子碰撞后,将能量传递给了电子。

　　图 4.3 所示为 α 射线、β 射线、γ 射线入射物质时,与物质内的电子相互作用的主要情况。α 射线的能量损失形式主要是通过电子的轨道变化产生的制动辐射(γ 射线);β 射线的能量损失形式是与电子之间发生库仑相互作用;γ 射线的能量损失形式是它像粒子一样,与电子发生直接碰撞(康普顿散射)。这些能量的损失过程大致如图 4.2(b)所示。另外,当入射到物质的能量量子为中

子时,它与物质中的原子核直接碰撞,引发核反应,将原子击出原来的位置。被击出的原子成为离子,它此后的能量损失方式则与α射线离子入射相同。从这点来看,将电离辐射和非电离辐射区别开来并没有什么意义。

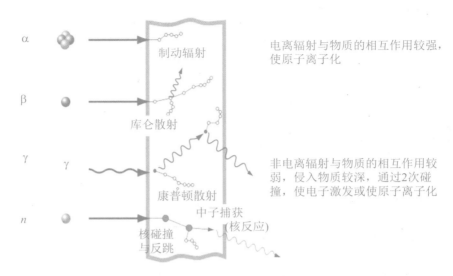

图4.3　能量量子束入射到物质时,对物质中的电子传递能量后引发的现象

注:包括离子化/电子激发、韧致辐射(**Bremsstrahlung**)、康普顿散射(电子与光的碰撞)、库仑散射等。

图4.4 所示为γ射线因康普顿散射损失能量的过程,反映了^{137}Cs 释放的γ射线的测定结果,^{137}Cs 因核衰变释放出 662 keV 的γ射线(见图3.4(b))。在图4.4 中,在直接测定的峰值的低能一侧,662 keV 的γ射线因康普顿散射损失一部分能量后逃出探测器,通过探测剩余的康普顿散射电子,能够检测到扩展的能谱。662 keV 的γ射线在与探测器内的自由电子正面碰撞后,会向 180 度方向(反方向)发生康普顿散射,散射电子获得最大能量。当散射γ射线从探测器逃出时,测定的最大能量散射电子形成图中的康普顿边缘。反过来,在探测器外面,正面碰撞后的后方散射γ射线进入探测器,形成后方散射峰值。

接下来,针对金属、共价键结合物质、离子键结合物质、有机物、生物,分别介绍照射的影响。

1. 金属的辐照损伤

在金属中,原子排列成非常整齐的格子状(见图4.5)。当能量量子束入射时(见图4.2),能量量子因原子碰撞(Atomic Collision)或电子激发(Electric

Excitation)失去能量，在投影射程处停止下来。

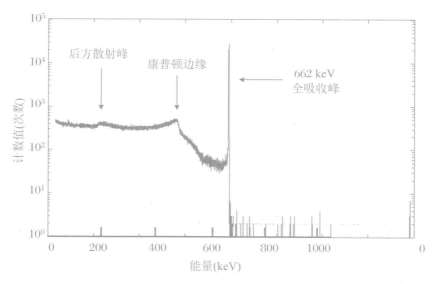

图 4.4　半导体探测器测定的 ^{137}Cs 释放的 γ 射线能谱

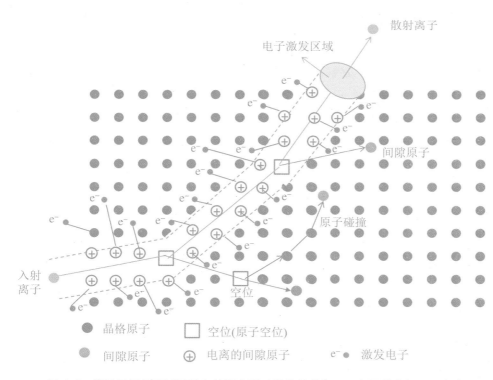

图 4.5　能量量子(高速离子)入射到金属时引发的现象——电子激发与原子击出

（1）原子碰撞或原子击出造成的金属材料损伤

在原子碰撞时，入射粒子与构成金属的原子发生直接碰撞，原子被击出原来的位置（晶格位置），留下一个空位（Vacancy），而这个原子则移动到本不应该存在的位置（间隙原子，Interstitial Atom）。这一现象称为击出损伤，并形成由空位与间隙原子组成的弗仑克尔对（Frenkel Pair）。换句话说，能量量子束携带的能量被用于移动原子位置。此时，击出 1 个原子需要大约 50 eV 的能量。然而，金属晶格中出现空位和间隙原子并不是一件好事情，所形成的弗仑克尔对多数会重新结合，恢复（回复）原状。如果能量量子束持续照射，弗仑克尔对不断形成，那么空位和间隙原子会分别聚集在一起，形成空位团簇（Vacancy Cluster）、空位型位错环（Vacancy Loop）或者间隙型位错环（Interstitial Loop），导致金属失去其特有的延展性，变得又硬又脆，严重的时候，会像玻璃一样，稍遇一点冲击便会断裂。这种现象称为金属的辐照脆化，它是金属受到能量量子束照射而产生的影响中最重要的一项。以铁为主要成分的核反应堆压力容器的寿命长短取决于中子辐照导致的压力容器变脆的程度。像 α 射线这样的质量很大的能量量子束造成的击出损伤会更加严重。1 个粒子的入射会产生许多的弗仑克尔对。反过来，其能量在很短的距离内就会丧失殆尽，这就是能量量子束难以穿透重物质的原因。中子很轻，又不带电荷，因此容易接近原子核，不仅会通过碰撞产生击出原子，还会进入原子核，产生高能量的激发状态核，从而引发核反应，加速缺陷的形成。

为了测定核反应堆压力容器的脆化程度，在核反应堆压力容器内事先会放入许多相同材质的样品，每经过一定的时间就取出一些样品，测定其机械性能，从而分析其脆化程度。若这种脆化处于预计的范围内，则预测下一次测定时发生的脆化程度，从而推断压力容器在下次测定时间之前是否处于安全状态。

（2）电子激发造成的损伤

电子激发指的是，能量量子对金属中的电子传递能量，使电子处于激发状态，或者使原子处于离子化状态。在图 4.5 中，在离子击出原子的同时，对电子传递能量，引发电子激发现象。几电子伏的能量便足够移动 1 个电子。与击出原子所需的能量相比要小得多。因此，具有高能量的重原子在固体中移动时，沿着其轨迹，会激发大量的电子。在金属中自由移动的电子（自由电子）数量巨

辐射与能量

大,激发的电子立刻就会与自由电子碰撞,并发生能量分配,然后恢复到原先的状态,所以对金属性能产生的影响很小。但是,对于共价键结合物质或离子键结合物质而言,这种电子激发的影响非常大。对于有机物来说,这种由电子激发产生的影响几近等同于辐射影响本身。由于电子比原子轻得多,移动电子的能量很小,在容易产生照射影响的有机物或生物中,比金属低得多的剂量就能够产生显著的影响。

2. 共价键结合物质、离子键结合物质的辐照损伤

以共价键结合的物质与金属不同,参与键合的电子分布在原子之间,该电子受到能量量子束的照射,接受几电子伏(随着结合强度而变化)的能量后(激发或离子化),键合会被打断,导致化合物分解。这就是共价化合物的辐射分解。与金属一样,在大多数情况下,共价化合物有可能捕获电子并恢复原来的状态,但也可能维持键合断裂的状态。

针对能量量子束照射导致的水分解(辐射分解),现在已经研究得非常清楚。最初,能量传递给水分子中的电子,引起电子激发(Excitation)或离子化(Ionization)。然后电子又与其他的水分子碰撞,经过一系列过程,生成具有 10^{-6} s 以上寿命的 OH^*($*$ 表示自由基或激发状态)、OH^-、H^*、H^+、O^*、O^-、O_2^-、H_2、O_2、H_2O_2、H^+、e^- 等(见图 4.6)。通常与键合相关的电子都是成对出现的,H_2O 分子在日本高中教科书中写成 H:O:H。因为 H 只有 1 个电子,所以 H 的所有电子都参与了键合。另外,O 有 8 个电子,参与键合的只有 2 个电子。当水分解时,参与键合的 2 个电子分别给予 H^* 和 OH^*,这些称为自由基(活性原子或活性分子)。但这一状态不稳定,一些会恢复为水,另一些则形成 H_2、O_2、H_2O_2 等,有时还会与水以外的物质发生反应,形成其他化合物。

通过能量量子束的照射,对 1 g 的水传递 100 eV 的能量,被分解的水分子的个数称为能量量子束的 G 值。如果只对水照射能量量子束,那么这个值为 7。因为分解水分子需要 5.1 eV 的能量,所以当入射能量为 100 eV 时,有大约 $1/3(5.1 \times 7 \approx 36 \text{ eV})$ 的能量用于水的分解。另外,即使有更多的水分子被分解,但其中的大部分仍会恢复至原来的状态(发生恢复)。

当水分子的周围存在其他分子时,在分解过程中或分解后不久会与异类分子直接反应,或者分解生成寿命稍长的自由基与异类分子发生反应。细胞里的水对于生物体而言是特别重要的,生物体的大部分都是水。从能量量子束获得能量的水分子生成自由基,然后与细胞内的遗传因子或者形成遗传因子的DNA 或 RNA 发生反应,这就是照射的生物影响。

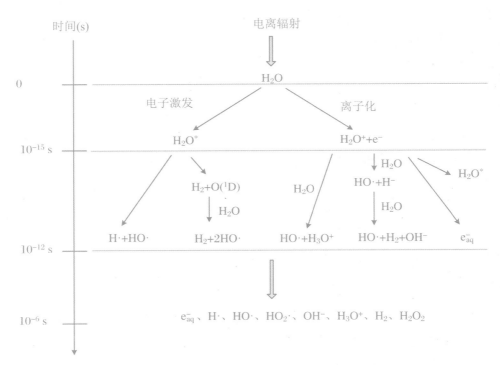

图 4.6　水的辐射分解的生成物及其时间变化

资料来源:Sophie L C. Water Radiolysis:Influence of Oxide Surface on H_2 Production under Ionizing Radiation[J]. Water,2011,3(1):235-253。

　　共价化合物的晶体或玻璃与水不同,其元素处于固定位置。与水相比,电子更容易恢复到原来的位置。此外与水不同的是,它会像金属一样产生击出原子。例如,在水晶或二氧化硅(SiO_2)中,氧原子比较轻,容易被击出晶格位置。硅稍带正电荷,氧稍带负电荷,当氧被击出晶格位置时,电子会进来取代 O^-,从而引发之前本不存在的光的吸收、释放。利用这一原理,可以制造出个人剂量计或玻璃剂量计等辐射探测器。另外,被击出的硅聚集后,会形成微小的硅团簇,也会导致光的吸收。其结果是玻璃的颜色发生变化。图 4.7 所示为无色透明的玻璃瓶在受到 γ 射线照射后变成了茶色。

图 4.7　受到 γ 射线照射后变色的玻璃瓶

4.2.2　能量量子束照射对有机物的影响

能量量子束照射对有机物的影响与对水的影响基本相同,都是因为键合的电子被激发,从而破坏了有机物中的 C-H、O-H、C-C 等共价键结合或氢键结合。与对水的影响情况一样,被破坏的键周围若存在其他分子,则会与其反应,生成相应化合物。利用这一现象可以实现高分子的架桥作用。在图 4.8 中,连接着氢的碳链在受到照射后,C-H 键合被破坏。其结果是,产生的 2 个 H* 结合成氢分子,在剩下的碳之间形成 C-C 键合。因为电子束比 γ 射线更容易控制,所以在工业上得到了广泛应用,用以提高有机材料的耐热性和强度等理化性能。

大致上看,架桥量随着照射量的增加而增加,硬度和强度也逐渐提高。然而,如果进一步提高剂量,那么会破坏分子链,使得分子链变短;如果继续提高剂量,那么有机物就会类似风化一样,一片一片地脱落。风化是指碳链的某个地方发生氧化后使得碳链断裂变短,与能量量子束照射的情况类似。

能量量子束照射的影响是以化学反应的形式出现的。另外,能量量子束照射还可能引发在一般的化学反应中不可能有的反应。当然,如果使用特殊药品,那么也可能引发通常不可能有的反应。那些会导致 DNA 损伤的化学药品,如沙利度胺(Thalidomide)和戴奥辛(Dioxins)等,从引发化学反应的角度看,与能量量子束的影响机制是一样的。

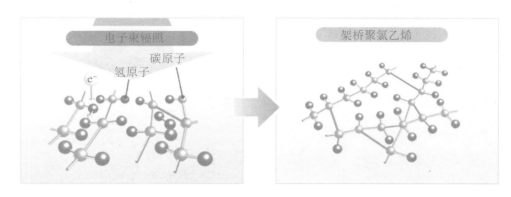

图 4.8　辐射照射引起的高分子架桥作用

资料来源:http://www.kbeam.co.jp/service/kaisitu.html,获得转载许可。

4.2.3　能量量子束照射对生物的影响

能量量子束对生物的影响是从细胞内的损伤开始的。当然,即使在细胞内,也会出现上述两种损伤,即击出损伤和电子激发引起的损伤。在击出损伤中,能量量子束与构成 DNA 的原子发生直接碰撞,并将其击出,从而切断 DNA。另外,尽管不是直接碰撞,在 DNA 附近,被直接碰撞击出的原子还会再与其他构成 DNA 的原子发生碰撞,并将其击出。大部分的 DNA 损伤是由电子激发产生的离子或自由基引发的化学反应导致的,由原子碰撞引起损伤的发生概率极小。

虽然在金属和无机物中,能量量子束照射引起的损伤主要是由这种击出效应引发的,但是在生物体中,电子激发(包括离子化,或称电离)造成的损伤要远远超过击出效应产生的直接损伤。因此,对于生物体,只需考虑能量量子束的电子激发效应,并根据其能量损失方式,将其称为 LET 损伤。

图 4.9 所示为能量量子束入射时的电子激发造成的 DNA 损伤,图 4.10 所示为实际发生的化学反应。电子激发造成的损伤有两种:一是,DNA 构成元素的电子或者其周围的物质(主要是水)因离子化而产生电子或离子、自由基,它们会切断 DNA 的键合,进而直接切断 DNA。二是,在 DNA 周围的水中形成

辐射与能量

的各种自由基,它们对 DNA 进行攻击,切断 DNA 的某个部分,或使其变成其他的化学形态,从而引起 DNA 损伤等。另外,能量量子束还会不断激发其前进轨迹周围的电子,根据其能量大小,所激发的电子数量、激发的体积(沿能量量子束前进轨迹周围半径几纳米的范围内)也不相同。图 4.9 所示分别为激发电子较多的情况(高 LET 辐射)和激发电子较少的情况(低 LET 辐射)。

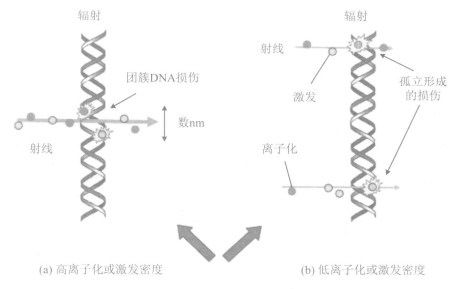

图 4.9　能量量子束入射引起的 DNA 损伤

注:两种情况均为每 8 个离子化激发产生 2 个 DNA 损伤。

资料来源:http://www.themgcarshop.com/Bioterrorism/module4/Radiation.htm,获得转载许可。

由于这种轨迹周围的半径非常小,与能量量子束照射在 DNA 周围的水中形成的各种自由基对 DNA 产生损伤的概率相比,如同击出损伤那样,DNA 被直接切断或损伤的概率要小一些。

水的辐射分解会形成 OH 自由基。OH 自由基的氧化能力非常强,它与生物体内的物质发生反应时,可能会给生物体带来很大的损害。由于细胞内含有一定量(在正常纤维芽细胞中为 2%～3%)的氧,能量量子束照射产生的电子与氧反应后,形成 O_2^- 离子。这是一种活性氧(Reactive Oxygen Species,ROS),是有害健康的物质,经常会引发人们的讨论。前文介绍过的 H_2O_2 也是如此。能量量子束的照射会在细胞内形成活性氧。不管活性氧的形成原因是能量量子束的照射,或是化学药品,又或是心理压力,其影响都是一样的。

此外,细胞内存在着能够阻碍活性氧发挥作用的抗氧化物质。例如,超氧化物歧化酶(Super Oxide Dismutase,SOD)可以使 O_2^- 离子失去活性,过氧化氢酶(Catalase)可以使 H_2O_2 失去活性,谷胱甘肽(Glutathione)也可以作为抗氧化剂。细胞因有氧呼吸而暴露在活性氧中,受到能量量子束照射时也会出现同样的情况,所以在长期的演化过程中,细胞内已经形成了与活性氧相适应的系统。

低剂量的能量量子束照射对人体的影响仍然不清楚的原因之一是,还不能定量地评价这种恢复能力。大家都知道,恢复能力因人而异,并且也会随着个人的环境、精神状态的变化而发生很大变化。如果能够处于令人心身健康的环境,那么就有可能降低能量量子束(辐射)的影响。

除考虑 DNA 损伤的恢复能力或照射耐性外,还要考虑细胞集合组织的恢复能力或照射耐性。通常情况下,切断了 DNA,细胞就丧失了再生功能,从而导致细胞死亡。但是,因为组织内具有排除死亡细胞的功能,所以单个细胞的死亡并不会导致组织的死亡或者细胞癌化。

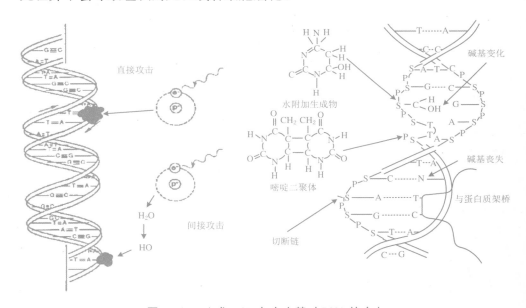

图 4.10　H^+ 或 $-OH$ 与自由基对 DNA 的攻击

资料来源:江上信雄.UP 生物学,生物与放射性[M].东京:东京大学出版社,1975,获得转载许可。

在受到能量量子束照射后,虽然不能减少已经受到的照射剂量,但如果对自己的恢复能力抱有信心,或许能够减轻照射引起的症状。对受到照射一事不悲观,相信自己的恢复能力,实际上是有可能减轻照射影响的。

4.3　辐射耐受性或损伤恢复

前面主要讨论了能量量子束照射引起的损伤是如何产生的。实际上在产生损伤的同时,恢复过程也在同时发生。照射后仍然存在的损伤只占当初形成的损伤中的很少一部分。另外,即便是照射后仍然存在的损伤也会随着时间的推移而逐渐恢复。当然也可能反过来,变得更加严重。

对于无机物(金属、共价键物质、离子键物质统称为无机物),现已在理论上比较清楚地解析了其损伤的生成过程,也基本上能够定量地预测出所产生的损伤量。然而,很难定量地预测同时发生的恢复过程。其结果是,只能通过事后观测来估算到底有多少损伤残留下来。最初产生的损伤与温度关系不大,但恢复过程却与温度关系很大。实际上最初产生的缺陷中的大部分都得到了恢复,残留下来的只是很少一部分。

因此照射影响主要取决于恢复的难易程度,这种说法毫不过分。实际上液体就基本没有照射影响。在液体内,其构成原子一直处于运动状态,即使因能量量子束的照射而被击出,也很快会有其他原子来填补击出后的空位。在击出原子到达的地方,其他原子会被挤开。在表面附近发生这一现象时,原子会逃离出来,即照射促进蒸发,如果剂量不是太高,那么这种现象不会太严重。

一般来说,在共价键或者离子键物质中,构成原子之间的结合能要大于金属中原子之间的结合能。因此两者相比,共价键或者离子键物质被能量量子束照射产生的击出原子数要少于金属。尽管如此,因为入射的能量量子束的能量很高,所以这一差别并没有达到数量级的程度。另外,这些物质是由不同元素组成的,例如,在由氧离子与金属离子组成的氧化物中,击出的金属离子有时会聚集形成团簇,有时会形成不同的键合,从而导致着色、黑化等现象。

在碰撞现象中,构成物质的原子质量越大,击出的原子数就越少。因为原子质量越大,单次碰撞传递的能量也越大,承受影响的体积也就越小,所以单位体积内的影响(传递能量)随之增加。

在有机物中,尤其是在生物体中,构成的原子多种多样,其分子结构的几何学特征则更加复杂。因为在DNA周围都是与DNA完全不同的水分子等,所以DNA的切断不只是简单的切断,异类分子或原子也会进入这些切断的地方,从而有可能形成与切断前完全不同的东西。因此,与无机物相比,有机物的恢复更加困难。而且有机物中的原子的结合能一般会小于无机物,所以键合更容易被破坏。对于生物体而言,如果DNA或RNA发生的损伤不能恢复,那么能量量子束照射的影响就会显现出来,如出现细胞癌化等。当然,受到损伤的部分不同,其影响显现的方式也会不同。

综上所述,越是高等生物,其构成分子的种类越多,分子结构越复杂,因而越难恢复,即辐射敏感性越高。换句话说,越是高等生物,其致死剂量越低。另外,越是高等生物,其影响显现的方式越复杂,也越难预测。与其他生物相比,人类最容易受到能量量子束影响,其影响显现的方式也最复杂,同时不同个体的恢复能力的差别也非常大。

对于人类来说,低剂量能量量子束照射的影响种类极多,若要定量地评价这些影响,则需要庞大的数据。照射剂量越低,显现的影响越少,需要的数据越多,也就越难保证对这些影响的评价精度。由于不能进行人体实验,关于能量量子束照射的影响评价,小到微生物、大到老鼠或实验室用鼠,人们都进行了非常详细的分析。从表4.1可知,这些生物受到的照射剂量远远大于人体显现影响的剂量(已有病毒受到10^5 Gy照射的数据),然后从这些结果向低剂量一侧外延,以预测人类受到照射的影响,这些外延的精度很低(见图4.1)。

4.4　入射剂量与承受影响的体积

第1章已经作过简单介绍,能量量子束照射的影响显现仅限于能量量子进入的部位和部分,这可能就是区别辐射究竟是"吓人的"还是"可怕的"的分水岭。

对于能量量子束照射,有不少人错误地认为,那些肉眼看不见的"可怕的"东西均匀地照射在身体的表面或内部。这完全是误解。在天然辐射中,束源在空间和地表基本上是均匀分布的。此时可以认为是均匀照射,这大致不会有什么错误。如果照射剂量增加(即除了天然辐射外,还受到了其他束源的照射),那么束源就不一定是空间均匀分布了。如第2章所述,照射的效果与束源的位置有关,或者说与能量量子束来自何处、去往何处有关。尤其是,能量量子束不是液体,物体不可能均匀地受到能量量子束的照射。虽然人体受到了能量量子束的照射,但实际上受到照射的面积极小。

再次分析一下能量传递给人体的过程。能量量子束(辐射)测量时得到的计数值相当于能量量子的数量。假设体重60 kg的人在1 s内受到10000(10^4)个能量为10 MeV的量子的照射(10^4 cps,相当于天然辐射的1000倍左右)。假设能量量子的能量被人体均匀吸收,1 eV相当于$1.6×10^{-19}$ J,10^4个10 MeV的能量量子的总能量为

$$1.6×10^{-19}\,(J)×10^6×10^4 = 1.6×10^{-9}\,(J)$$

那么这些能量分配给60 kg时,

$$1.6×10^{-9}\,(J)÷60\,kg ≈ 2.67×10^{-11}\,(J/kg)$$

照射剂量为每秒26.7 pGy(1 Gy = 1 J/kg),每小时就是96 nGy。换算成总能量则为每秒26.7 pJ/kg×60 kg = 16.02 μJ,换算成功率为1.6 nW。与电炉的数百瓦功率相比,这个能量的确是十分微小。能量量子束的照射虽然传递的能量非常少,但却能对人体产生影响,这就是辐射的"可怕"之处。

能量量子的尺寸小于纳米(nm)。假如每秒有1个能量为10^{-14} J的量子入射到半径为1 nm的圆,用10^{-14} W除以圆面积($3×10^{-18}$ m^2),那么可得单位面积内的功率为$3×10^3$ W/m^2。与红外线加热炉几百 W/m^2相比,实际上有将近10倍的功率传递给面积为$3×10^{-18}$ m^2的超微小区域。这一功率在传递时如果能够分散开来,那么即使受到量子束照射,也不会出现任何问题。然而,实际上是在极其微小的区域传递较大的能量,因此在受到照射的部分,很容易导致细胞受损。

接着假设入射量子的计数值为每平方米10^4 cps(此时的空间剂量率大约

为 $10\,\mu\text{Sv/s}$）,则其影响范围为 $10^4\times3\times10^{-18}=3\times10^{-14}\ \text{m}^2$,即边长为 $0.17\,\mu\text{m}$ 的正方形区域。因此,如果照射量不达到这个值的 10^5 倍,即 1 Sv 的程度,那么就不会观察到明显的影响。

在人体中,实际上存在着像 DNA 和 RNA 一样辐射敏感性很高的部分,以及类似生理水一样辐射敏感性很低的部分。当受到照射的部位不同时,照射影响的显现会有很大差别。换个极端的说法,能量量子的大部分都照射在细胞内不那么重要的部位,当偶然照射到 DNA 这样的关键部位时,其影响立刻就显现出来。在这种低剂量照射中,即使剂量相同,因为照射在细胞内的不同位置上,所以其影响也大不相同。换句话说,低剂量照射的影响,本质上只能用概率来表达。

在上述计算中,为了便于理解,采用的是概算值。根据量子的种类、能量、被照射物体的不同,照射剂量（率）也不相同,概算值可以有 1 个数量级的误差,希望读者能够理解。从以上论述中已经能够看出,在实际的低剂量照射影响的显现方式中,不要说 1 个数量级的误差,就算有 2 个数量级或 3 个数量级的误差也是难以避免的。

第5章　辐射防护与除污

　　辐射防护是大家都希望实现的目标,要做到这一点,就必须清楚地了解能量量子束的照射是怎样一回事。本章将介绍辐射防护(或污染防御)与除污。需要明确的是,已经受到照射的那些剂量(能量,Gy)或剂量当量(Sv)是不可能再减少的。因照射而引起某种健康危害时,只能采取医学治疗措施,或者在预测会发生健康危害时,采取医学预防措施。如果年间的累计照射剂量低于100 mSv,那么大部分人不会立刻出现健康受损症状,此时需要的不是医学治疗,而是医学预防措施。

　　这里说的"辐射防护",不是减轻已经受到的照射的剂量当量,而是避免将来可能会受到的照射。还有,一旦不幸地将束源吸收到体内,就要尽量降低体内照射。因此,需要做的事情是,不要靠近束源或者不能靠近束源。

　　5.1节以福岛核事故造成的辐射照射为背景,再次解说能量量子束源,并详细地说明能量量子束源的分布和束源的清除,从而让读者了解如何避免受到照射。5.2节介绍体外照射与体内照射。对于束源处于体外的体外照射,办法就是不要靠近束源或者不能靠近束源。为了不将束源摄入体内,最好是不要靠近束源或者不能靠近束源。若食物或空中的飞散物质进入了体内,则必须尽早采取措施,将其排出。作为束源的放射性同位素,具有不同的化学特性,因此有可能会蓄积或残留在特定的器官(脏器)内。如果能够清除蓄积残留物,那么就可以降低照射。5.3节将讨论如何降低这种体内照射。

5.1　能量量子束源的分布与束源的清除

能量量子束一定会有一个源（束源）。能量量子的主要形式有粒子（α 射线、β 射线）和电磁波（γ 射线）。在福岛核事故中，原来位于反应堆内部的核裂变产物因氢气爆炸和风而扩散到外面，其中就有携带放射性的物质（放射性同位素）。核裂变生成了各种各样的放射性同位素，^{132}Te、^{131}I、^{137}Cs、^{90}Sr 等在反应堆内生成量大、蒸汽压高。核裂变的大部分产物是不会释放能量量子束的稳定同位素，包括化学上有毒的元素 Cd（镉）或 Te（碲），由于其数量很少，一般认为问题不大。

福岛核事故中扩散的放射性同位素具有不同的物理和化学形态。对其化学形态，虽然通过辐射检测可以很容易地确定其存在，但因为数量太少，所以不能进行化学分析，从而探明它们与什么元素结合在一起。Cs 是碱土金属，与卤素氯（Cl）结合后形成盐（CsCl）。如果 Cs$^+$ 作为离子溶解到水中，那么可能会形成某种化合物。最近在受到福岛核事故影响的地域，发现了含有 ^{137}Cs 的不溶解于水的微颗粒。分析表明，这些微颗粒是核反应堆内的绝热物质四散飞出后，变成玻璃状物质并沉降下来，^{137}Cs 被包含在这些微颗粒中。

不管怎样，作为能量量子束源而被检测出来的这些物质，是具有某种化学形态的分子或超微小颗粒，其尺寸从小于 1 nm 到附着在空气中的浮游物上的数微米，再到附着在氢气爆炸产生的混凝土块上的数厘米，甚至数米。这些放射性物质包括：爆炸时被爆炸气流吹散的东西，后来随风移动的东西，以及落到地表后再被雨水搬运聚集的东西。常有报告说在屋顶的雨漏处检测到了高剂量辐射，这是因为降落在屋顶上的放射性物质被雨水冲洗，然后在雨漏的凹处汇集、沉淀，待雨水蒸发后，放射性物质蓄积的缘故。

图 5.1 中的黑点表示剂量强的地方。在叶子背面测定的强度分布就像左右反转后从同一方向观察时一样。在图 1.7 中，因为天然存在的 ^{40}K 进入了果蔬的组织内，所以在不同的组织中，其浓度不同。相比之下，图 5.1 则有很大不

同,此时放射性物质仅附着在叶子表面上,叶子的组织与辐射强度基本上没有关系。只是叶子上的平坦部分附着的多一些,叶脉等凸起部分附着的少一些,强度也弱一些。叶子的表里两面,强度高的位置基本相同,只是里面的强度稍微弱一些。由图 5.1 可知,所含有的元素作为能量量子束源,释放出 γ 射线和 β 射线。对于菜叶的厚度来说,γ 射线可以穿透到里面,且不怎么损失能量。但是,菜叶稍微厚一些时,β 射线便不能透过。此时在里面测定的强度低于在表面测定的强度。菜叶里面的测定结果之所以分布区域更广泛,是因为透过菜叶的 β 射线或 γ 射线会改变方向,从而有可能是检测到了其他方向的入射信号。为了确认清洗效果,将菜叶放入热水中泡一下,然后再作检测。从图 5.1 可知,泡热水后,辐射强度减少了 1/3 左右,从而能够让人清楚地确认清洗的效果。

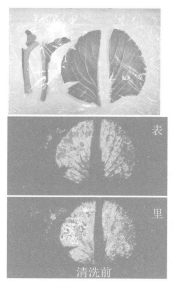
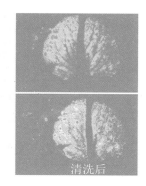

图 5.1　2012 年 4 月 4 日在福岛市采集的青菜叶上的放射性分布

资料来源:日本东北大学吉田浩子博士。

附着物的尺寸从数毫米到肉眼难以判别,分布情况多种多样。该测定方法不能辨别 50 μm 以下的微小物体。

对于散布在空气中的放射性物质(福岛事故时为 FP),因为包容它们的物质的大小不同,所以散布方式也不相同。大致可以分为这样几类:非常小的浮游在空气中的东西(数微米)、尺寸稍大一些、爆炸时几乎是沿直线飞出去后降落下来的东西,随着爆炸时的风力飞到非常远的地方的东西。

非常小的能够浮游在空气中或者随着降雨等落到地面的东西如果是束源的话,那么剂量强度在空间或者地面大致呈均匀分布。这些束源(随着降雨)落到屋顶或菜叶上时,短时间内可能是均匀分布,但由于雨水等的搬迁作用,在束源汇集到雨漏或菜叶凹处后,就会出现剂量很大的部位。与此对应,在空气中不能长期漂浮的东西会降落到地表,但由于飞出时的条件不同,落回到地表时也会出现很大的地域差别。

需要注意的是,如果存在某种程度的大型束源(块状),那么就会导致局部地方的剂量很强。图 5.1 中的点状表示剂量高的部位。这种高剂量的局部空间大小为束源附近数厘米(β 射线)至数米(γ 射线)的区域。如果在这种空间范围内剂量出现很大变化,那么就是有强剂量的落下物或者堆积物。通过剂量测定,可以辨明这种局部强剂量,从而探寻束源(落下物或堆积物)。然后排除这些束源,可以降低周围的剂量。若不能排除束源,则可在束源与人之间设置屏蔽物(质量越大,效果越好),常用的是铅,混凝土块(无孔砖比较好)、土壤等也具有很不错的屏蔽效果。一旦发现束源,就可以挖深坑(1 m 以上,越深越好)将其填埋,或者用混凝土块或土壤将其隔离。

当存在空间分布均匀的剂量时,空气中的浮游物或远处的束源(特别是 γ 射线,在空气中可以影响 100 m 以内的地方)的剂量都会叠加在一起,此时只能远离它们。如果下雨,那么空气中的浮游物会和雨水一起落下来。如果下雨时或雨后测量,那么剂量会比干燥时高。不管怎样,都要仔细地测量剂量的空间分布,一旦发现束源就要除掉它。如果是附着物,那么在用水洗之前,先用黏性胶布除掉它。当然,粘有束源的胶布应放在没人的地方,并且用屏蔽物遮蔽。

5.2 体内照射与体外照射

在 2.5 节中已经介绍了体内照射与体外照射,接下来从人体照射的角度稍加讨论。

有些讨论的关注点在于"体内照射与体外照射是否一样"。从原则上说,如果受到照射的脏器的照射剂量当量（Sv 数值）相同，那么其效应应该也相同。实际上，即使是相同剂量当量的照射，由于能量量子束的种类不同，对脏器的效应有时也不相同。以 ^{131}I 为例，^{131}I 释放出两种能量量子束，即 β 射线（能量为 0.637 MeV）和 γ 射线（能量为 0.364 MeV）。因为很难让两种照射都达到相同的剂量当量，所以很难说哪一种的照射效应更高，两种照射效应会有什么不同。但是，从纳米尺度的局部来看，β 射线比 γ 射线传递的能量要多，如果针对局部效应，如第 4 章中介绍的 DNA 周围的损伤，那么不难想象，β 射线的照射效应要多一些。

如今的袖珍剂量计主要用于测量 γ 射线的照射，脏器的位置和体重均采用人体数据平均值，然后将辐射强度换算为剂量当量。这种袖珍剂量计几乎都没有考虑 β 射线的体外照射的情况。不知是幸运还是不幸，^{131}I 和 ^{137}Cs 释放的 β 射线和 γ 射线的能量基本相似。不管是 ^{131}I 的照射效应，还是 ^{137}Cs 的照射效应，若利用现在的剂量计来评价，则不会有很大的差别。只要照射的剂量当量相同，不同束源引起的照射效应的差异应该不大。如果比较相同强度束源产生的体外照射和体内照射，那么后者是来自脏器内部的照射，因此产生的照射效应有可能更加强一些。尤其是在体内照射时难以去除束源，如果受到的照射与体外照射相同，那么照射剂量难免会增大。不管怎样，降低体外照射的原则是"不要靠近束源，不能靠近束源"。另外，体内照射时，因为束源已经进入人体，所以关键在于如何尽早地将束源排泄到体外。当然，没有进入体也就不会有体内照射。此时的原则为"不要进入体内"。

5.3　体内照射的防护

当束源为浮游在空气中的微小颗粒、附着在食物上或者已经进入食物的时候，它就会进入人体内，这些都是经口摄入。虽然也有从皮肤进入的情况，如氚水与体液水之间发生氚（T 或 ^{3}H）与氢（H）的交换，但与经口摄入相比，其摄入量很少。

虽然是经过肺部或消化器官摄入,但都会通过血液或各种体液输送到体内的其他脏器,最后在各脏器内蓄积或浓缩。严重影响进入体内脏器方式的因素有:经口摄入时的化学形态(是否溶解于水或为某种化合物的成分等),经由体液的输送方式,在脏器处的摄入方式,在脏器的滞留时间,从脏器排泄出去的方式等。关于排出方式,针对各种元素,尤其是 Cs 和 I,已经进行了详细的研究。

各种过程的摄入机制虽然不同,但是即使放射性同位素已经进入了脏器,只要不再有新的持续摄入,就可以通过摄取原子序数相同但没有放射性的同位素来逐渐稀释放射性同位素的含量,也可以用化学性质相近的稳定同位素进行置换,以排泄放射性同位素。已经进入体内的放射性同位素从体内(脏器)排出的速度常与脏器内的残留量成正比。此时,残留量的减少与时间呈指数关系,减少到一半所需的时间为一定值(生物学半衰期)。生物学半衰期因元素而异,有些容易残留,有些则容易排出。表 5.1 所示为部分放射性同位素的物理半衰期和生物学半衰期。

切尔诺贝利核电站事故之后,在其周边,以儿童为中心,甲状腺癌发病率增加。甲状腺是制造甲状腺激素的器官,它在制造激素时需要碘。因为碘在自然界并不富有,所以甲状腺会积极地捕获进入身体的碘。事故后散布的放射性碘随着食物等进入儿童体内,然后在甲状腺中浓缩并长期残留,它不停地释放能量量子束,从而使甲状腺组织癌化。放射性同位素碘有两种,即半衰期短的^{131}I和半衰期极长的^{129}I(见表 5.1)。

一方面,半衰期短的放射性同位素的剂量率(单位时间内的能量量子束的释放率)高,因此非常危险;另一方面,半衰期长的放射性同位素则在很长的时期内释放低剂量的能量。众所周知,采用口服碘剂的方法可以减轻碘引起的放射性危害。碘剂是只含有稳定同位素的碘。如果预先让脏器,尤其是甲状腺摄取大量的碘,那么就可以防止这些脏器再摄取放射性碘。在放射性同位素碘进入体内之前口服碘剂的预防效果最好。因此在发生放射性事故时,在束源尚未扩散之前,应口服碘剂。即使放射性同位素碘进入了体内,根据同位素交换作用,也很容易置换原子序号相同的元素。因此,持续服用大量的碘,可以早于生物学半衰期,从体内排出放射性碘。之所以建议人们多喝牛奶,是因为牛奶中含有大量的碘(前提是牛奶中不含有放射性碘)。碘剂虽然没有什么副作用,但有人会对其过敏,所以也不建议乱服碘剂。

表 5.1　放射性同位素的物理半衰期和生物学半衰期

放射性同位素	物理半衰期	生物学半衰期
^{131}I	8.04 天	甲状腺中约 120 天 其他脏器中约 12 天
^{129}I	1.570 万年	
^{137}Cs	30.1 年	约 70 天
^{134}Cs	2.06 年	100～200 天
^{90}Sr	28.6 年	约 49.3 年（在骨头中蓄积）
^{3}H	12.5 年	约 10 天（体液）
^{32}P	14.3 天	

福岛核事故已经过去 6 年了，^{131}I 的浓度衰减到了大约 10 万分之一，今后影响较大的是 Cs。但是，一部分人，尤其是儿童，仍要注意继续有选择的服用碘剂。

虽然在事故之后没有引起人们太多的注意，但氚（^{3}H）容易以生命活动所需的水的形式进入人体，所以必须关注氚的问题。如果氚进入人体，那么最好的建议就是喝水，以促进代谢，使其尽早从体内排出。此时喝啤酒更有效果，这是真的，可不是开玩笑。在福岛核事故中，用于冷却反应堆的海水越积越多，这些海水都含有放射性同位素。这些海水中的放射性同位素的大部分都能够通过某种方法去除，从而将其浓度降低到可以排放的安全值。然而，氚的浓度非常低，并且很容易与水中的氢进行同位素交换，所以除去水中的氚是极其困难的。虽然除氚在原理上可行，但成本非常昂贵。

表 5.1 中的 ^{3}H 和 ^{32}P 作为各种体内脏器的造影剂，一直应用于现实的医疗活动中。通过分析这些元素在脏器内的分布状况，可以区别正常的部位与异常部位（如癌化组织）。采用这两种同位素的原因是，^{32}P 的物理半衰期很短，从而可以降低照射剂量；而氚的生物学半衰期很短，能够尽早排泄出去。

防止体内照射只有一个办法，就是尽早将进入体内的束源排出去。可以给出的建议是，先弄清楚是什么样的放射性同位素，进入了哪个部位，然后再采取相应的措施。这也看出了辐射测定的重要性。如果能够确定放射性同位素的蓄积场所，那么就可以采用相应的措施，以加快其从体内排泄（缩短生物学半衰期）。这些措施的基本原理就是与相同元素的稳定同位素进行交换（碘剂就是这一原理的应用实例），也可以与具有相同化学性质且对人体无害的元素进行交换。例如,Cs 是碱金属,同族元素还有锂(Li)、钠(Na)、钾(K)、铷(Rb)、钫(Fr),这些元素都能够与 Cs 进行交换。另外,也可以采用容易与特定的放射性同位素结合的化合物(药品),使它们产生化学反应,从而达到排出的目的。

最近在福岛检测到的 ^{90}Sr 属于碱土金属,与骨头的主要成分钙的化学性质相同,所以人们担心它可能会在骨头中累积,从而引发骨癌。此时,虽然摄取钙应该会有作用,但是该怎样摄取钙,能够达到何种程度的效果,这些都还在研究之中。

关于进入体内的束源(放射性)的去除问题,已经出版的书籍有《人体内放射性的去除技术——行为与除污机制》(KS 理工学专业书,由辐射医学综合研究所的青木芳朗、渡利一夫编写),大家可以从中获得详细知识。

5.4　恢　复　能　力

5.4.1　照射引起的损伤(承受影响)的位置及其大小

进入体内的能量量子束以动能的形式,将其携带的能量传递给电子或原子核,并失去自己的能量。在原子碰撞时,包括细胞内的 DNA 在内的各种有机分子的规定位置上的原子会被击出原来的位置,引起分子键断裂,形成缺陷。在电子激发的场合,形成分子的价电子受到激发或电离(离子化),导致键合断裂。人体内形成的缺陷大多是由电子激发造成的,原子碰撞造成的缺陷则很少。但是,已经形成的缺陷的大部分都会恢复到原来的状态(回复)。实际上,作为键合断裂,并以缺陷形式存留下来的只占激发电子总数、击出原子总数中的极少一部分。如图 4.5 所示,能量量子的影响范围只是其轨迹(运动路径)周围的几纳米。因此,能量量子束对人体中的哪个组织、组织中的哪个细胞、细胞中的哪个位置传递能量,其影响将会完全不同。

通常只对水进行能量量子束照射时，G 值大约为 7。对 1 g 的水传递 100 eV 的能量，相当于受到 27 μSv 的照射。现在可以评估，一个体重 60 kg 的人受到 27 μSv 的照射时，人体整体会有多少水分子发生分解。假设人体整体都由水构成，那么在构成人体的水分子中，发生了分解的水分子个数为

$$7 \times 60 \times 10^3 = 4.2 \times 10^5 \text{ 个}$$

这些分解的水分子形成氢原子或 OH 自由基等，分解的水分子的个数换算成质量为

$$4.2 \times 10^5 \times 6.02 \times 10^{-23} \times 18 \approx 4.55 \times 10^{-16} \text{ g}$$

生成的原子和自由基具有化学活性，在细胞中会引起通常情况下难以发生的氧化还原反应。但是，只要水的分解不是发生在与 DNA 或 RNA 等生物细胞的增殖或代谢有关的分子附近，就没有影响，或者影响极其微小。另外，细胞也具有恢复能力，所以影响会更加小。从维持生命的角度看，生物体中的不同组织的重要程度不同。能量传递给什么部位，即从纳米尺度看，能量量子束的进入位置与该位置处有什么细胞(器官)，将会极大地改变照射的影响。

换句话说，低剂量的能量量子束的照射对人体的影响(导致疾病等)从本质上说是一个概率事件。极端地说，即使 1 个能量量子的照射，也有可能破坏最重要的细胞的 DNA。反之，即使受到大量的照射，若照射在远离细胞的 DNA 的地方，则可能完全看不到影响。现在将 100 mSv 左右的照射作为对人体有无影响的照射剂量值，这并不适合所有的人。有时，照射 1 mSv 时就有影响，而有时照射 1000 mSv(1 Sv)也没有影响。

外部照射时，能量通过的是人体哪个部位？内部照射时，能量量子束源位于人体的哪个位置？这些都会极大地改变照射的影响。另外，生物体的恢复能力也是导致照射影响的显现方式不同的原因。

5.4.2　生物体内由于照射引起的损伤的恢复

能量量子束的照射瞬间产生的损伤中的相当一部分会自行恢复，作为损伤残留下来的只是很少的一部分。另外，生物体也具有修复照射损伤的功能。

这种恢复难以定量评价。从本质上说,不同个体对疾病的抵抗能力是不一样的。众所周知,精神作用(气力)常常起着极其重要的作用。别说定量评价,即便是这种精神作用的机理也是不清楚的。恢复能力(抵抗能力)因人而异,也与各人所处的环境、精神状态有很大关系。如果能够处于有利于身心健康的环境,那么就有可能减轻放射性的影响。

除了 DNA 损伤的恢复能力或照射耐受性以外(见图 5.2),还应该考虑到由细胞构成的组织的恢复能力或照射耐受性。通常情况下,DNA 被切断后,细胞就失去再生功能,进而导致细胞死亡。然而,因为组织本身具有排除死亡细胞的功能,所以单个细胞的死亡并不会立刻导致组织死亡或癌症发生。

万一受到能量量子束的照射,虽然没有办法减少已经受到的照射剂量,但只要相信自己的恢复能力,就有可能减轻照射的症状。对受到照射一事不悲观,相信人体的恢复能力,乐观的生活,在现实中是有可能减轻照射影响的。如第 1 章所述,在东京(成田)与纽约间的 1 次往返航程中人会受到 0.2 mSv 的照射,对于一年往返 10 次的商人来说,就会受到 2 mSv 的照射。人们基本上没有察觉到这种照射引起的健康问题,时差和商业活动压力对健康的负面影响还要大一些。因此,即使出现某种健康问题,也难以证明是受到照射的影响。反过来,平时在工作中保持精神愉快,会让你的恢复能力比一般人更强。

对于那些在福岛核事故中受到照射的人来说,已经受到的照射剂量是不可能去除的。可能有这种情况:因受到照射而产生心理压力,从而使得照射的负面影响扩大。既有的研究结果表明,绝大部分人受到的照射剂量都没有达到立刻会显现影响的水平。当然,不能说将来也一定不会有影响。只要没有超过已有的照射剂量,对于大部分人来说(当然也有受到照射剂量高的人),此次照射对将来的影响不会超过农药、香烟、生活压力等带来的风险。与能量量子束的照射影响 DNA 一样,在日常生活中,人们还会碰到产生同样化学反应的各种药物(沙利度胺、DDT(双对氯苯基三氯乙烷)、二噁英、环境激素等)。希望大家相信自己的恢复能力,减少心理压力,保持有规律的、充实的日常生活,为事故后的复兴而努力。

辐射与能量

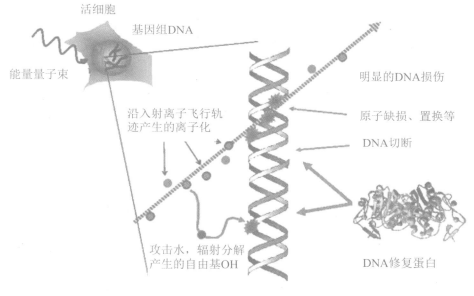

图 5.2　DNA 的损伤与恢复模型

资料来源：http://asrc.jaea.go.jp/soshiki/gr/eng/mysite6/index.html，获得转载许可。

5.5　短期照射与长期照射

需要注意的是，剂量（Gy）和剂量当量（Sv）的数值都是在有限时间内的积分值。日常的剂量计测定的时间积分值多用 μSv 来表示。在实际照射中，当剂量当量相同时，1 小时内受到的照射和 1 年中受到的照射，从剂量率的角度看，两者的照射效应自然不一样。但是究竟会出现什么样的差别，现在还不是十分清楚。关于动物实验方面，在照射影响比较明显的高剂量率领域，有过对比研究的例子。而在低剂量率领域，因为需要分析数量庞大的个体，否则得不到正确的结论，所以进行这方面的研究是十分困难的。

能量量子束照射不久后的损伤恢复对于照射效应的显现方式具有重要的影响。在短时间内产生大量的缺陷，恢复自然比较困难。结合相同剂量当量的

109

照射情况,基本上可以认为,短时间高剂量率的照射影响肯定要大于长时间低剂量率的照射影响。虽然如此,在长时间低剂量率照射时,因为会出现不同于短时间高剂量率照射时的缺陷生成/恢复过程,所以不通过实际研究,是很难得到确切结论的。

根据这一观点,比较合理的是引入单位时间内传递的能量或功率(W),而不是来自能量量子束源的累积能量。如此 Gy 就变成 Ws/kg,另外就是照射了多长时间、束源的能量高低,从而比较容易讨论辐射的影响。

在历史上,人们曾经认为辐射属于未知的物体,后来才知道它携带能量的特性,并发现了各种能量量子束。在研究辐射影响时,一般关注的是照射效应的显现方式,却不太注意由能量量子束的种类产生的差异,只是引入权重系数等经验值来进行比较。其结果是照射研究的焦点还是 γ 射线。没有太大的争议,应从原理上(物理上、化学上)来理解辐射的影响,只是在剂量当量的基础上进行分析,是不够充分的。能够实现这种程度的理解,在某种意义上说,也是得益于科学的进步。

在安全第一的前提下,应为职业人员和一般人员分别设定照射剂量当量标准。假定在 1 天或 1 小时内的照射的剂量当量与在 1 星期或 1 年内的照射的剂量当量相同,其照射影响也是一样的,那么对于职业人员而言,终生的照射剂量为不超过 1 Sv,5 年内的照射剂量为不超过 100 mSv,尤其是 1 年内的照射剂量为不超过 50 mSv。特定的器官、眼睛或皮肤的设定值可以稍微比这高一些。另外,根据作业环境,分别设定了 1 小时、1 星期的照射标准。如果某人在 1 小时的作业时间内,受到的照射剂量超过了 1 星期的照射剂量设定值,那么他在这一个星期内就不能再从事该项作业了。目前,尚未能设定一个在短时间内能够承受的最大照射剂量。可能是因为不知道会发生什么事情,所以无法设定这个阈值上限。当不得不从事剂量当量非常高的作业时,需要对作业时间内的照射累积剂量分别设限为 1 mSv、50 mSv、100 mSv 等,实际上福岛第一核电站就是这样开展作业的。

一般人员的照射剂量当量定为平时 1 mSv、紧急时 20～100 mSv,这是一年的照射剂量当量。

第 6 章　能量量子束的检测

要知道能量量子束的存在并推测其影响，就需要知道能量量子束的种类（α射线、β⁻射线、β⁺射线、γ射线）、强度，以及释放出来的能量量子束携带的能量的大小。知道这些信息后，才能够推测出该束源照射的照射剂量当量（Sv）。如前文所述监测能量量子束很容易，但是要准确地测定能量量子束的种类、释放出来的能量量子束的强度以及能量大小，却不是一件简单的事情。

在能量量子束检测器或探测器中，有的只能探测束源的强度，有的则能够同时探测能量大小与强度。表 6.1 所示为通常用于能量量子束探测的探测器的种类及其探测对象。根据探测原理或者探测时利用的物理现象，各类探测器分别适合探测不同的能量量子束。这里主要介绍在体外照射中对人体影响较大的 β 射线和 γ 射线的探测。

这些探测器都能够提供有关能量量子束的强度及其携带的能量的信息。然而，如果要知道物体或人体受到了多少剂量或者剂量当量的照射，那么还需要使用第 2 章中介绍的方法进行换算后才能求得。在辐射剂量计的探测器中，人们预先将换算表存入装置内部，然后它就可以直接反馈受到了多少剂量的照射。

111

表 6.1　能量量子束探测器

检测方法		探测器名称	主要探测对象
利用电离作用	气体	电离箱	α射线、β射线、γ射线
		盖革计数器	β射线、γ射线
		正比计数器	中子束
		流动气体型计数器	α射线、β射线
	固体	半导体探测器	α射线、β射线、γ(X)射线
利用激发作用(荧光)		NaI(TI)闪烁探测器	γ射线
		ZnS(Ag)闪烁探测器	α射线
		塑料闪烁探测器	β射线
		热荧光剂量计(TLD)	γ(X)射线
		光玻璃剂量计	γ(X)射线、β射线、中子束
利用照相作用		胶片剂量计	γ(X)射线、β射线、中子束
		成像板	γ(X)射线、β射线、中子束
测定释放能量		热量计	α射线、β射线、γ射线

6.1　能量量子束的种类、能量及其强度测定

表 6.1 列出的能量量子束(辐射)探测器的种类大致可以分为:只能探测能量量子束强度的探测器,可同时探测构成能量量子束的量子数量(强度)与其携带的能量的探测器,探测能量量子束携带的能量的探测器。

6.1.1　能量量子束的强度测定

最简单的能量量子束探测器是盖革管(GM 管),正式的名称是盖革计数器。图 6.1 是典型的盖革管照片。它的探测原理就是利用能量量子束的电离

作用。为了帮助大家理解，图6.2(a)简单地表示了其测定原理。盖革管中有一个圆筒容器，里面封入了氦气、氖气或者氩气等惰性气体。圆筒容器的中心设置有阳极，其周围设置有阴极。能量量子束通过圆筒时，圆筒中填充的惰性气体分子发生电离，形成带正电的离子和电子。阳极与阴极之间施加有高电压，在电场作用下，离子向阴极加速，电子向阳极加速。这些离子对(电子和离子)因加速而获得动能，在移动中与其他气体分子发生碰撞，从而使其离子化。这样，在气体中形成大量的带电粒子，先是电子到达阳极，稍晚一点时间后，离子到达阴极。所有这些电荷都作为电流被检测出来，检测到的电流呈脉冲形状(脉冲电流)，如图6.2(b)所示。检测到的脉冲数量与入射的能量量子的数量有关，脉冲电流的大小(电流脉冲的高度)与能量的大小有关。检测结果表示为单位时间内的检测次数(计数，单位为cpm或cps等)。

图6.1　电池驱动的盖革管

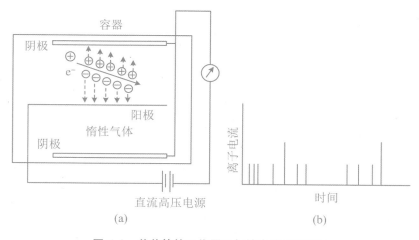

图6.2　盖革管的工作原理与输出的电流脉冲

第6章　能量量子束的检测

电流(I)定义为 1 s 内移动的电荷,

$$I = dQ/dt \qquad (6-1)$$

1 安培(A)的电流定义为 1 库仑(C)的电荷在 1 s 内流入或者流出时产生的电流。1 s 内,1 个电子或离子入射到电极时,因为电子的电量为 1.6×10^{-19} C,所以产生的电流为 1.6×10^{-19} A。在一般的电流测试方法中,能够检测的电流必须大于 10^{-10} A。1 个能量较大的能量量子在进入盖革管后,其本身会产生许多的离子对,这些离子在被加速后,又会产生更多的离子对,因此才能检测到脉冲电流。人们的周围充满了电磁波(能量量子束),这些电磁波的能量很低,无法穿透盖革管的窗口,或者即使穿透后,其能量也不足以使其中的惰性气体发生离子化,因此无法检测出这些电磁波。另外,如果 1 个能量量子具有电荷,那么即使它具有很大的能量,所得到的电流也只有 1.6×10^{-19} A。这个电流值太小,无法检测。这就是人们所说的"能量量子束(辐射)为什么看不见"的原因。

放射性同位素的衰变是一种随机现象,当然进入盖革管的能量量子束也是随机的,并在与之对应的时间间隔内产生电流脉冲。单位时间内的入射能量量子的数量增加后,有可能使得盖革管内的大部分气体发生电离,所以盖革管难以用于测定强度极高的能量量子束。

将脉冲电流放大,并通过扬声器输出声音。这样在每检测到 1 个能量量子时就可以发出"哔"的声音,检测到较强的能量量子束(大量的能量量子)时就会出现"嘎嘎"的连续声音。因此,有些人误以为盖革管就是"嘎嘎"探测器。

盖革管测得的数值只是与所检测的能量量子的数量相对应,所以与束源的强度(Bq/kg)基本上成正比,但并不代表强度本身。所测数值需进行立体角修正,并乘以计数效率后,再换算成束源的强度(详见 6.1.5 小节)。利用盖革管可以检测 β 射线和 γ 射线,它对 β 射线的敏感度较高(大于 50%),但对 γ 射线的敏感度却比较低(低于百分之几)。因为 α 射线不能透过盖革管的窗口,所以基本上检测不到。另外,在盖革管中,电流脉冲的高度与入射量子的能量之间没有比例关系,所以不能用来确定入射能量量子束的种类及其携带的能量。

近年来,随着电子技术,尤其是半导体技术的进步,半导体探测器正在逐渐替代盖革管。半导体探测器是利用能量量子可以将半导体内的电子激发到导带的现象,而盖革管是利用电离现象。例如,锗(Ge)半导体探测器的利用正得到

辐射与能量

推广,在这种探测器中,电流脉冲的高度与入射的能量量子束的能量大小成正比。

6.1.2　关于辐射强度测定(计数率)的误差

放射性同位素的衰变(能量释放)按照半衰期逐渐减少,但单个原子的衰变现象却是随机产生的。因此,在检测能量量子时,产生脉冲电流的时间间隔不是一个定值(见图 6.2)。利用一般的辐射探测器检测天然辐射时,得到的数值大概是 10 cps 或 100 cpm。实际上,如果多次进行 1 min 的测定实验,那么测定值可能会是 98、110、80、101 等。反复多次测试后,得到的平均值如果是 100,那么实际测定值将会有 10% 的误差,即在 90～110 cpm 范围内,但有时也可能出现 120 cpm。增加测试时间(如 30 min,平均值大致为 3000)后,误差会降到 5%以下。平均值虽然仍是 100 cpm,但误差减小则意味着测定精度的提高。

衰变现象在经过统计学整理后表明,其在低计数时符合泊松分布,而在高计数时符合正态分布。按照泊松分布处理随机的衰变现象,若多次计数的平均值为 M,则可知其误差约为 $\sqrt{M}$。实际上 1 次的测试值如果为 N,加上误差后则有

$$N = N \pm \sqrt{N} \tag{6-2}$$

如果利用正态分布,如图 2.1 所示,那么多次计数后,平均值(M)加上标准偏差(σ)的 2～3 倍后,得到的计数值为 $M \pm 3\sqrt{\sigma}$。

在利用辐射探测器测定能量量子的数量(能量量子束的强度)时,一定会伴随有误差的出现。这种误差包括了衰变现象必然存在的部分以及与电气系统有关的部分。后者从技术上正在尽量减少,所以大部分误差都是统计误差。统计误差随着计数值的增大而减少,增加测试时间或者增加测试次数,都可以提高测定精度,但这并不能改变衰变现象是随机发生的本质。因此,必须认识到,在测定稍微高于天然辐射的束源时,计数值总是会有 10% 左右的误差。

6.1.3　能够测定能量的探测器

利用闪烁计数器或者半导体探测器,可以分辨每一个入射的能量量子的能

量,测定其携带的能量大小。这些装置既可以检测能量量子传递给探测器的能量大小,也可以检测出具有特定能量的量子的个数,并将其作为检测值。在检测结果中,横轴为能量,纵轴为强度(与能量量子的数量成正比),图6.3所示为半导体探测器检测的能量量子束的测试结果。测试样品为采用擦拭法在福岛核事故后第4天和第8天收集的核事故散布的微粒。在能量0~2500 keV(2.5 MeV)连续减少的信号上,叠加了尖锐的峰值信号。尖锐的峰值表示放射性同位素释放的能量量子束的强度。因为纵轴采用了指数作为能量量子束的强度,所以尖锐峰值的强度比连续变化的部分高2~3个数量级。图6.3所示的放射性同位素均是在福岛第一核电站的燃料棒内生成的裂变产物。最下面的线表示没有样品时的测试值(又称背底),从中可以看出自然界中存在着^{40}K,且其强度比整个能量区域都要低2个数量级。

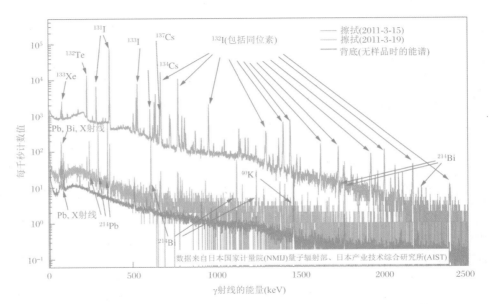

图6.3　利用半导体探测器,对擦拭法获得的福岛第一核电站散布的粒子样品
　　　　进行检测后得到的辐射能量分布

资料来源:https://www.aist.go.jp/taisaku/ja/measurement/,日本产业技术综合研究所筑波中心提供。

仔细观察裂变产物后发现,样品的采集是在福岛核事故之后的第4天,因为间隔时间短,所以观察到了半衰期极短的^{132}Te的释放。接着,还观察到了半衰期稍短的^{132}I、^{131}I、^{134}Cs、^{137}Cs。分别检测到了图3.4所示的^{131}I的γ射线,即

辐射与能量

0.284 MeV（6.14%）（图中未标注）、0.364 MeV（81.7%）、0.637 MeV（7.17%）（^{134}Cs 与 ^{137}Cs 之间的峰值），括号内数字为其检测比例。另外，还检测到了^{137}Cs 的 γ 射线 0.662 MeV（85.1%）。从上起第 2 条曲线表示的是 2011 年 3 月 19 日的测试结果，相对于 3 月 15 日的第一条曲线，其检测值下降至约 1/100。到现在事故已过去 6 年了，^{132}Te 由于衰变（能量释放）已近乎完全消失，再也检测不到了，I 也减少了许多，现在 Cs 成为主要的束源。

6.1.4　量热计

能量量子束携带的能量最终变换为热量。热量计就是当能量量子束携带的能量全部变成热量时，用来进行测量的装置。具体来说，让能量量子束源的周围环境保持在绝热状态下，并利用足够厚的物质包裹起来，以便让该物质吸收束源释放的所有能量。根据该物质的比热与温度上升幅度，测定出释放能量的绝对值。采用该方法可以测定能量量子束携带的能量的绝对值。

6.1.5　能量量子束源的强度

在多数情况下，能量量子束源是点状或面状的，能量量子束的释放在空间上具有方向性，并不是均匀分布。在图 6.3 中，纵轴表示每 1000 s 测到的计数值，与束源释放的能量量子的个数成正比。但仅用该数值，还无法得到单位质量的束源强度，如 Bq/kg。必须对计数值进行立体角修正，再乘以计数效率，才能换算为束源强度。图 6.4 所示为^{226}Ra 释放的 α 射线的轨迹，因为 α 射线与空气中的分子碰撞后失去能量，所以它直线前进的距离非常短，且在短距离内就会失去能量，停止下来（图中仅有数十微米）。γ 射线在空气中直线传播的距离可以超过 10 m。由于探测器能够检测的面积（体积）很有限，当束源为点状或体积很小时，所检测的能量量子的数量与离开束源距离的平方成反比。当束源为较大的面状时，则与距离成反比。

117

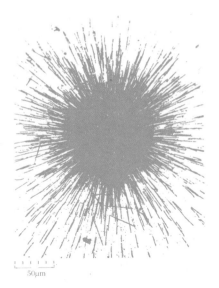

图 6.4　^{226}Ra(镭)释放的 α 射线的轨迹

资料来源：www.Sciencephoto.com。

在图 6.5 中，来自点束源的能量量子束的空间剂量率随着离开束源的距离增大而衰减，$r\mathrm{d}\theta$ 为立体角，其表面积与距离的平方成正比。从束源释放的能量量子束在单位时间内通过该立体角的数量为一定值，所以剂量率与离开束源的距离平方成反比。即探测器接受能量量子束的面积为一定值，检测点状束源释放的能量量子的数量时，单位面积内的量子数（计数值）与距离的平方成反比。

并不是所有进入探测器的能量量子都能被计数，存在着被漏计的部分。探测器的检测效率指的是对单个能量量子的计数值是多少。用计数值除以检测效率，得到的是进入探测器的能量量子的总数。对探测器的检测面积进行修正后，得到在探测器设置位置的能量量子束的入射通量［个/(m² · s)，入射粒子数/(单位面积·单位时间)］。若是点状束源，则按照图 6.5 换算（积分）成球面的全面积，得到点状束源的能量量子束的释放率 Bq，再将其除以质量，得到束源的强度 Bq/kg。

有报道称，在来自福岛的牛肉中检测到超出暂定限制值（500 Bq/kg）的 Cs。将产生 β 射线的肉块（500 Bq/kg）靠近探测器（距离肉块中心约 10 cm），利用检测效率为 50% 的小型盖革管（检测面积为 10 cm²）进行检测，计数值约为

2 cps$[0.5(检测效率)\times 500(Bq)\times 10(检测面积)/(4\pi \times 10^2)]$。即使吃了含有Cs(暂定限制值500 Bq/kg)的牛肉,也不会马上有什么直接影响。根据这个概算,从1 kg的牛肉中检测到的计数值低于10 cps时,可以认为吃起来没有问题。

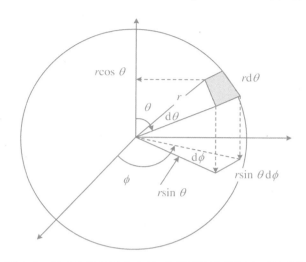

图6.5　当点束源位于中心时,能量量子束呈同心球状扩散

注:单位面积内通过的量子数与立体角 $r\cdot \sin\theta \cdot d\phi$

成正比,与 r^2 成反比。

考虑到来自土壤的能量量子束属于面状束源,在土壤的上部空间(空气中)的剂量与距离成反比(若束源面积太大,则不会减少,甚至在稍微离开土壤上部的剂量还可能会增加)。土壤中放射性Cs浓度的上限值规定为5000 Bq/kg,土壤密度大约为2 g/cm³,1 kg土壤的体积为500 cm³(大致相当于边长为8 cm的立方体)。如果只是表面被污染,那么相当于限制值数量的Cs都集中在表面,此时能量量子束从土壤表面向外部和内部两个方向释放,单位面积内释放的能量量子束为

$$5000(Bq)\div 2(方向)\div 64\ cm^2(表面积)\approx 39\ Bq/cm^2$$

与前面的例子一样,利用检测效率为50%、检测面积为10 cm²的盖革管靠近土壤并进行检测时,得到的计数值为 $39\times 10\div 2\approx 200$ cps。实际上,束源并不是全部存在于土壤表面,也分散存在于土壤内部,所以实际计数值应该低于这个值。然而,若在靠近土壤时测到了数百cps的计数值,则很可能超过限制值。这两个例子虽然只是概算,但一旦简单盖革管的检测值超过这个水平,就应该

请地方政府或专业单位来进行进一步测量。

6.2　照射剂量的测定

对于能量量子束的种类、强度及其能量的测定而言，只要有探测设备，就能够大致估算出束源的强度（Bq/kg）。但是，这些探测器检测的是进入探测器中的能量量子的通量（单位面积单位时间内的入射能量量子数），要通过这个数值来正确估算照射剂量，则不是那么简单的事情。

福岛核事故时，向外扩散了各种放射性同位素，从而带来了辐射污染问题。日本政府的方针是推进除污工作，将照射剂量控制在低于年间成人 20 mSv、儿童 1 mSv 的水平。该照射剂量当量与能量量子束的强度之间的关系，在第 2 章中已经记述，这里从检测的角度再来分析一下。

图 6.6 所示为袖珍剂量计，这是一种典型的照射剂量计。将该袖珍剂量计放在人身上后，它会以 μSv 为单位来显示因照射而产生的"照射剂量当量"的数值。

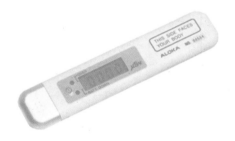

图 6.6　袖珍剂量计

然而，如第 1 章所述，暴露在来自能量量子束源的能量量子下，称为受到照射。通过照射，人体接受能量量子束携带的能量的一部分或全部，也称为受到照射。从能量量子束对人体健康影响的角度来看，后者才是受到照射，并利用照射剂量（Gy = J/kg）或者剂量当量（Sv）来表示所传递的能量。

在图 6.6 所示的剂量计中，事先存入了程序或换算公式，将能量量子束的

辐射与能量

照射传递给水或丙烯酸树脂的能量（剂量）转变为剂量当量，并显示为对人体的照射剂量当量。当能量量子束场（能量量子束的空间强度分布）均匀分布时，袖珍剂量计显示的数值可以看成是人体的外部照射的照射剂量当量。但如果能量量子束场是局部分布，如前节所述的点状束源时，由于照射的部位，尤其是能量量子束的强度与离开束源的距离关系很大，那么该剂量计的数值就不能原样当作照射剂量当量。此外，对于内部照射来说，这个剂量计则不能给出什么信息。此时只有先确定摄入的束源的位置、束源的强度，再来推算照射剂量当量。为了测定人体摄入的能量量子束源的情况，可以使用图 6.7 所示的全身探测器。此时，它与 PET（Positron Emission Tomography，正电子发射断层扫描）全身扫描仪一样，将探测器配置在人体周围，从头到脚获取能量量子束的强度分布。但是，当摄入体内的能量量子束源是 α 射线或 β 射线时，因为这些射线不能到达体表处，所以不能够从体外检测。不知是幸运还是不幸，核电站释放的Cs 和 I 都能释放 β 射线和 γ 射线这两种射线，此时通过检测 γ 射线，就可以计算出有多少 β 射线。

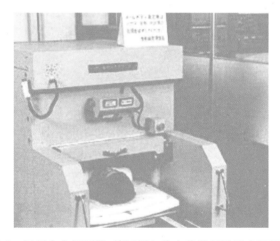

图 6.7　利用全身探测器，检测摄入体内的能量量子束源的分布

如果体内摄入的束源如图 6.4 所示的 ^{226}Ra 那样，只能释放 α 射线的话，那么就不能从体外进行直接检测。这种情况下，可以通过体液——血液、淋巴液、尿等来进行测定，分析是否摄入了束源。还有通过分析其在体液中的浓度随时间的变化，来确认是否排出到了体外。

接下来的内容可能有点难以理解。正确评价照射剂量当量是一件非常困难的事情。因为没有关于体内照射引起的照射剂量当量的直接测定方法，所以只能根据束源的位置及其强度来推算。只要束源没有摄入体内，就不会出现体内照射，所以要特别注意从口摄入的问题。不过即使摄入了这些束源，也会因生物学半衰期而将其排出，所以重要的是，不要对体内照射过分敏感，不要有歇斯底里的反应。

在能量量子束的照射影响评估的研究过程中，或者说，在放射性生物学的发展过程中，引入了希沃特（Sv）这个单位，从而能够非常方便地评价能量量子束的照射。但是，这也同样容易让人忽略能量量子束是携带能量的物质。为了正确评价照射，可能最好的方法是先正确测定能量量子束的种类及其吸收的能量（Gy），然后根据不同的脏器来预测有什么影响。现实中，Gy 和 Sv 没有什么大的区别，在粗略讨论中，用哪个来表示都可以。我认为，也许用 Gy 更为恰当一些。

不管怎样，作为年间的照射限制值，在紧急情况下儿童的 20 mSv 是否足够，仍有讨论的余地。现状是，现在测定出的 20 mSv 并不是一个精确值，可以在 10～40 mSv 范围内浮动。换句话说，其具有 10～20 mSv 的误差。关于这一点在 2.5 节中已经叙述，此处不再赘述。

6.3　能量量子束源分布的可视化

如果受到 1 Gy 的能量量子束照射，那么人立刻就会有能够观察到的影响出现。但是，单个的能量量子本身却是不能直接看见和感觉到的东西。不过，最近的探测技术的进步，使得能量量子束（辐射）分布的可视化成为可能。这一技术与对人体进行透视或对结构件进行无损检测的原理基本上是一样的。在透视时，外部安置有能量量子束源（前者为 X 射线，后者 γ 为射线），这些射线在透过人体或结构件时会损失一部分能量，原来均匀强度分布的能量量子束就会出现与人体部位或结构件相对应的强度分布。想来大家在体检时都看过自己的胸部 X 射线照片。日本人的医疗照射剂量为年间平均 3.7 mSv。

另外,当物体内部包含或者附着能量量子束源时,可以检测出能量量子束,使得束源的强度分布变得可视化。最早采用的是照相技术,能量量子束与可见光一样,能够使照片底片感光。居里夫人正是利用这一方法,发现了放射性(能量量子束)。采用与照相技术同样的方法使能量量子束源可视化的方法,称为放射自显影法。利用氚(^{3}H)的 β 射线进行可视化的方法,称为氚放射自显影法。氚具有与氢相同的性质,常用于金属中氢行为的研究,尤其是氢脆特性——一种关于钢铁在环境中突然发生破坏的现象的研究。

最近的照相技术发展得非常迅速,不再需要麻烦的显影/成像等过程,照片立刻就可以实现可视化,即影像板技术。利用影像板技术可以方便地使能量量子束源的分布可视化。图 1.7 为果蔬内含有 ^{40}K 的分布照片。此外,图 5.1 可用来表示福岛核事故时散布的放射性物质(释放能量量子束的物质)在植物的叶子上是如何堆积的,以及释放 γ 射线和 β 射线的物质的存在。

6.4　基于照射剂量当量的影响评价与测定精度

在 6.2 节讨论放射性影响时,已说明了要考虑到照射剂量的数值分布具有较大的范围。接下来将介绍照射剂量和能量量子束强度测定的可能测试数量级,以及利用单位 Sv(照射剂量当量)来比较照射影响时存在的困难。

6.4.1　利用单位 Sv(照射剂量当量)来比较照射影响

ICRP 建议,"为了紧急时的公众防护,国家机关可以在最高的计划照射剂量 20~100 mSv 范围内,设定参考剂量水平(ICRP 2007 建议),且这一建议可以不作变更,原样采用。"根据这一建议,采用 Sv 值作为照射剂量当量,在日本销售或使用的袖珍剂量计等简易辐射探测器测定的剂量均采用 Sv 来表示。

当初人们引入剂量当量的目的是,在研究放射性照射对生物影响的同时,可以尽量采用相同的"标尺"来对照射剂量或者辐射的种类、不同脏器的照射影响进行比较和分析。然而，现今测定单个量子携带的能量要比过去容易得多，所以这种做法未必妥当。

实际上，利用探测器进行探测和测定时，入射到探测器的单位面积内的能量量子数应该利用 Bq 来表示。虽然有点困难，但能够同时测定能量量子的种类和它们入射到探测器时携带的能量。这样就可以确定入射到探测器的能量量子束在单位时间内传递给探测器的能量 Gy。在此基础上，假定人与探测器在同一位置，将其换算成剂量当量（Sv）后再显示，从而用于评价照射的影响。但是，即使利用简易型的探测器给出了相同的 Bq，能量量子的种类不同（离子、电子、光子）、其携带的能量不同，还有如果受体是人的话，那么还要考虑人体的不同器官，计算得出的 Sv 数值也会有很大不同。

在测量技术高速发展的今天，人们既能够测量 1 kg 能量量子束源在 1 s 内释放的能量量子的数量（Bq/kg），也能够测定单个量子携带的能量。这样，可以严格地确定束源释放的单位质量、单位时间内的总能量（Gy/s、Gy/h 等）。另外，虽然测定方法有点简陋，但可以测定对承受一侧每千克传递的单位时间的能量（照射剂量），再利用最近出现的计算机模拟技术，可以非常准确地计算出照射剂量。

需要再次强调的是，根据照射的能量量子束的种类及其能量，以及受到照射的人体部位、吸收能量（照射剂量）不同，其影响也不同。通过采用预先考虑到这些因素的 2 个权重系数（参见表 2.1、表 2.2），可以将吸收能量（照射剂量（Gy））变换为剂量当量（Sv），然后再作比较。现在已经积累了大量的照射数据，只要明确了在哪个脏器、哪种能量量子束、入射了多少数量（Bq）、吸收了多少能量（Gy），就没有必要再变换为剂量当量。

在表 2.1 中，虽然 X 射线、γ 射线、β 射线的权重系数均设定为 1，但三者之间应该是存在差别的。此外，中子束、α 射线以及重原子核的权重系数设定为 20，而光子和电子等轻粒子的照射与重粒子的照射相比，其能量的传递方式完全不同，所以没有必要在一起讨论它们的照射效应。

在表 2.2 中，除了脑之外，器官之间的辐射权重系数最大只有 3 倍左右的差别。放射性同位素核衰变所释放的能量量子的数量在时间上并不是均匀分布的。核衰变现象是一种随机现象，如果累积长时间核衰变数，那么可以提高

辐射与能量

测定的再现性,而在短时间测定时,则会加大统计学误差。另外,核衰变数量越少,计数值的分散性就越大。

在表 2.3 和图 4.1 中,当低剂量照射时,只能从概率上讨论辐射影响,且照射剂量只能采用对数作为计算工具。此时 3 倍的差别未必具有什么实际意义。既然如此,就不用特意变换为剂量当量(Sv),而是在确定能量量子束种类的基础上(与过去不同的是,现在确定能量量子的种类并不是一件难事),直接采用吸收剂量(Gy)来进行讨论。这样更容易理解,一般的人员也似乎更容易接受。针对辐射影响的研究已有很长的历史,利用剂量当量(Sv)来分析辐射影响的工作仍在继续,看来有必要再一次进行修正。

6.4.2　照射剂量或能量量子数的测定精度与能够测定的数量级

在表 2.1 和图 4.1 中,表示照射影响的剂量从 1 μSv 到 1000 Sv,跨越了 9 个数量级。当然,不可能有 9 个数量级的测定精度。假如有一根 20 cm 的尺子,能够测定的最小长度是 0.1 mm,那么这把尺子就有 3 个数量级的测定精度。在更小的测量时采用微米,即 1 mm～1 μm。即使借助于显微镜,也只能测量到几纳米。辐射的测定也要根据剂量来选择测定方法。另外,当能量量子束为放射性同位素时,其衰变数存在统计学的分散性。通常会进行几次计数,以得出平均值。同时,根据麦克斯韦-玻尔兹曼分布或正态分布,统计学的分散值可以有标准偏差的 2 倍或 3 倍的误差。或者当计数值为 N 时,误差为 N 的平方根。单位时间内的核衰变数或计数值越小,误差越大。

在高剂量率(如 1 Sv)时,可以忽视 1 mSv 的差别。另外,在低剂量时,1 mSv 的差别会在概率上产生很大的差异。这也是讨论放射性影响时的一个潜在难题。现在,最简单的方法是,认为放射性影响与剂量率成正比。另外,根据表 2.3 可认为,经过 200 mSv 的照射,全体人员都会出现白细胞减少。如此在经过 20 mSv 照射后,则可以认为每 1 万人里面有 1 个人出现这种影响。各位读者对这样的处理方法有什么感想? 这个数值是太大还是太小? 为了确认这个结果,至少要调查 10 万人(10 万人中有 10 个人出现影响)。还有,即使权重系数相差 2 倍,也必须调查 10 万人,否则得不出确切的结果。因此,预测低剂量的放射性影响是一件极为困难的工作。

这并不意味着低剂量的照射就很安全。只是说,对那些本质上属于统计学现象,而且是很少发生的现象,进行预测是很困难的。如癌症、自杀等,并不是谁都会遇上,而日本每年有数万人因此丧生。但是,大家平时很少会注意这些事情。

能源的利用必然伴随着风险,辐射能量的利用也是如此。必须正确地评价风险,包括与其他现象的风险作比较,并确定承担风险的主体是谁。因此,希望大家能够理解,辐射就是携带能量的物质,虽然其携带能量的方式、向物质传递能量的方式都会随能量量子的种类变化而变化,但是其物理原理基本已经弄清。

第7章　能量量子束的利用

能量量子束是携带能量的物质。对于人类来说，这些能量的损失方式，或者说，这些能量的利用方式，将决定能量量子束究竟是"毒药"还是"良药"。不仅是能量量子束，大规模的能源利用都会伴随有副作用（人们不希望有的现象）。利用化石能源时，一定会产生 CO_2。当年，蒸汽机锅炉爆炸，曾是工业革命初期的大问题，只不过现在这种事故很少发生了。

能量量子束（辐射）实际上在许多领域得到了应用。图 7.1 所示为日本宫城县编撰的小册子《去知、去学、原子能与放射性》中登载的"放射性利用之树"，它很好地总结了人类是如何利用放射性的。虽然利用领域很多，但除了医疗中的 X 射线拍照和癌症的放射性治疗之外，在日常生活中大家一般都没有什么感觉。实际上，通过高分子架桥作用使得塑料制品高性能化、高功能化，以及杀菌或者烟雾传感器等应用，都离不开放射性。另外，利用从宇宙来的中微子观察福岛第一核电站内的核燃料堆积物的状态，应该是一件大家仍记忆犹新的事情。

图 7.1 能量量子束在各个领域的应用

资料来源：http://www.pref.miyagi.jp/uploaded/attachment/258495.pdf，获得转载许可。

7.1 杀　菌

借助能量量子束来杀菌，正是对放射性的可怕性质的一项实际应用。其基

辐射与能量

本原理是,通过细胞内部的化学反应,破坏细胞的功能或使其丧失增殖机能,直至使其死亡。因为这是通过照射在细胞内部引起的化学反应,所以造成细胞死亡的化学反应也许与农药或消毒剂不同,但从利用化学反应导致细胞死亡的角度看,也可以认为两者是相同的。

农药等是通过药品的直接化学反应来发挥作用的,而对于能量量子束来说,它与构成细胞的重要原子发生直接碰撞是一件极其罕见的事情,主要是对原子周围的电子传递能量,从而产生许多具有稍高能量($10\sim1000$ eV)的电子,再由这些电子引发化学反应,这是二次现象导致的结果。

与人或哺乳动物的能量量子束的照射致死剂量相比,病毒或细菌等低级生物的能量量子束的照射致死剂量要大上 4 个数量级,因此人应在与杀菌装置严格隔离的状态下进行操作。能量量子束源非常强,检测也容易,因此事故防范可以做得很完备。还有一个广为人知的故事。在日本冲绳,为了驱除一种名为瓜实蝇的害虫,人们对雄蝇进行放射性辐照,令其不育,从而达到了根绝这种害虫的目的。

世界各国都在进行预防食品劣化的照射,其经济规模估计可达 2 万亿日元(约 1200 亿元人民币)。食品照射应用于香辛料、肉等食品,表 7.1 汇总了部分国家的食品照射处理量。许多国家都在进行香辛料的照射,但在日本只有马铃薯的照射获得了许可。对于香辛料和肉等食品的照射,实在没有必要过度担心。如前文所述,照射不会导致放射性"转移",对此没有担心的必要。

表 7.1 部分国家的食品照射处理量

国别		处理量(吨)		照射食品
		2005 年	2010 年	
1	中国	146000	266000	大蒜、香辛料、谷物、其他
2	美国	92000	103000[①]	肉、果实、香辛料
3	乌克兰	70000		小麦、大麦
4	巴西	23000		香辛料、干燥香草、果实
5	南非	18185		香辛料、其他
6	越南	14200	66000	冷冻水产品
7	日本	8096	6246	马铃薯
8	比利时	7279	5840	青蛙腿、鸡肉、虾

	国别	处理量(吨)		照射食品
		2005 年	2010 年	
9	韩国	5394	300	干燥农产品
10	印度尼西亚	4011	6923	可可豆、冷冻水产品、香辛料、其他
11	荷兰	3299	1539	香辛料、干燥蔬菜
12	法国	3111	1024	鸡肉、青蛙腿、香辛料
13	泰国	3000	1418[②]	香辛料、发酵香肠、果实
14	印度	1600	2100[③]	香辛料、干燥蔬菜、果实
15	加拿大	1400		香辛料
16	以色列	1300		香辛料
17	墨西哥		10318	果实(番石榴、其他)
	其他	2929	3687	
	合计	404804	474461[④] (577000[⑤])	

注:① 其中 15000 吨果实处理量来自墨西哥等国的果实输入量;

②③ 不包含民间公司的处理量;

④ 不包含乌克兰、巴西、南非、加拿大、以色列的数据;

⑤ 乌克兰、巴西、南非、加拿大、以色列按 2005 年处理量求得的 2010 年推算处理量。

资料来源:久米民和.世界食品照射实用化现状[J].食品照射,2014,49(1):115。

7.2　医　疗

在医疗上,不只限于用 X 射线和 γ 射线透射物质内部,也可利用其他高能电磁波在物质内的透过衰减现象。此时只需要在束源与检测装置之间放置要检查的物质即可。检测时要进行能量变换,基本原理与检测可见光的照相底片一样。在用能量量子束进行治疗时,利用能量量子携带能量的特性,分别采用不同的方法,来实现不同的目的。

有关利用能量量子束治疗癌症的内容,在日本国立癌症研究中心的癌症信息服务的主页上,以"放射性治疗的种类与方法"为题,有着详细的叙述。

现在,正在利用的能量量子束源中,电磁波形式的有 γ 射线、X 射线,粒子束形式的有质子束、氚离子束、重粒子束、中子束。如表 7.2 和表 7.3 所示。

表 7.2　现在用于治疗的能量量子束的种类与照射方法

	能量量子束的种类		照射方法	
外部照射	电子束		一般的高能量子束治疗	
	X 射线		三维立体照射	
			调强放射治疗(IMRT)	
			影像引导放射治疗(IGRT)	
	γ 射线		立体定向放射治疗(SRT) 立体定向放射外科(SRS)	
	质子束、重粒子束		粒子束治疗	质子束治疗
				重粒子束治疗
内部照射	密封小束源	X 射线 β 射线 γ 射线等	组织内照射	
		γ 射线	腔内照射	
	非密封放射性同位素	α 射线 β 射线 γ 射线等	内用疗法	

表 7.3　研究阶段的放射治疗方法(代表性方法)

	能量量子束的种类	照射方法的名称	
外部照射	质子束 重粒子束	粒子束治疗	质子束治疗
			重粒子束治疗
	中子束	硼中子捕获治疗法(BNCT)	

γ 射线和 X 射线虽然是电磁波,但却不能像可见光那样在物质内发生折

第7章　能量量子束的利用

射,因此不能利用透镜对其聚焦。如果 γ 射线能够折射和聚焦,那将使能量量子束的安全操作变得更加容易,这是一件令人非常渴望的事情。因为波长太短,受到原理上的制约,所以不可能通过技术开发来解决这个问题。基于这一原因,难以避免对病变以外的位置进行照射。目前正在研发的方法中,在外部照射时,尽可能只对患部照射高剂量。在内部照射时,将束源放置在癌组织周围或者直接放置在癌组织上。此时,将束源封入胶囊后埋入体内,或者针对化学上容易集中到癌组织的分子或原子,采用内服放射性同位素的方法。

粒子束,尤其是带有电荷的质子束(质子,用 p 或 H^+ 表示)、氘离子束(用 d 或 D^+ 表示)、重粒子束(多采用碳离子)可以作为能量量子束集中照射到患部位置上。患部位于体内,因为能量量子束从体外照射,所以能量量子束只有一部分能量可以到达患部。然而,如第 4 章所述,带电粒子在停止之前,与其周围的分子或原子多次碰撞,传递大量的能量,因此只要恰当地选择能量量子的最初能量,就可以将能量集中传递给患部,从而杀死该部分细胞。

正在研发利用中子来照射的中子捕获治疗法(见表 7.3)。中子不带电荷,除了一些特殊的元素外,与原子和电子发生碰撞的概率不大。该治疗法利用硼容易与中子发生核反应的物理性质。首先,制成容易被癌组织摄入的硼化合物,化合物中的硼采用 ^{10}B。然后,将该化合物通过口服或注射送入体内。最后从外部照射中子,中子与硼发生核反应

$$^{10}B + n \longrightarrow {}^7Li + {}^4He$$

人们希望利用该核反应释放出的具有高能量的 Li 和 He 将癌细胞杀死。

7.3 作为能源的利用

能量量子束也可以作为能源。核反应堆就是将核裂变产生的各种能量量子束的能量转变为热能后进行发电的装置。

即使不采用像核反应堆一样的大型设施,也可以利用放射性物质具有的能

量。放射性物质不像化石燃料那样需要利用 O_2 进行燃烧,它自身就可以持续地释放能量。释放出来的能量量子束的能量全部转变为热能,再利用热电转变元件转换为电力,从而制成核电池,这已经进入实际应用。核电池既不需要 O_2,也没有可动部件,所以不需要维护。例如,^{238}Pu 核电池。^{238}Pu 的半衰期为 87.7 年,发生 α 衰变。其释放的能量换算为热输出时,约为 540 W/kg。^{238}Pu 电池搭载在火星或木星等探测用宇宙火箭上,作为长时间飞行的电源,已经得到了实际应用。α 射线在非常短的距离内就可以将其能量转变为热能,屏蔽层可以很薄,因此非常适合应用于超长寿命且无需维护的核电池。

作为电磁波的 γ 射线照射到太阳能电池上时,虽然也能产生电力,但是太阳能电池会因 γ 射线照射而劣化,从而减少使用寿命,且能量转换效率低,所以并没有得到应用,但是利用 β 射线的辐射电池已经实现了。

图 7.2 所示为一种尚处于研发阶段的平行平板型放射性电池,该电池可将 γ 射线的能量转变为电力。如果理解了这种电池的工作原理,那么对于理解能量量子束的性质会有很大帮助。构成能量量子束的量子进入物质后,会与物质中大量的电子发生碰撞,并对其传递能量。1 个高能的量子会产生许多低能的电子。这种碰撞反复多次发生,直至电子的能量达到几电子伏,并产生二次、三次电子(这些电子可以统称为二次电子)。若入射量子的能量为 1 MeV,则有可能产生 10^5 个能量为 10 eV 的电子。然而,实际情况是产生的低能电子中的大部分又会与那些曾被剥夺了电子的离子再次结合,从而产生热量。这就是放射性能量的衰减与能量量子束的屏蔽原理。但是,如果物质的厚度比电子的移动距离还小(见图 7.2),那么产生的电子就会从物质中穿透出来。一方面,物质质量越大(原子序数越大,具有的电子数越多),产生的二次电子数就越多;另一方面,物质质量越大,二次电子就越难穿透出来。如果利用重物质制成的薄板与轻物质制成的厚板(也可以利用相同的物质,只是改变厚度)构成平行平板,那么当照射 γ 射线时,两板之间释放的电子数会有一个差别,从而在两个极板之间产生电位差。如果在两个极板之间接上负载,那么就可以产生电流。这就是平行平板型放射性电池(见图 7.3(a))。另外,如果在中心放置 γ 射线源(见图 7.3(b)),因为 γ 射线的透射能力强,所以可以配置许多块板,并且这些板组合后可以起到屏蔽作用,那么这样就可以制作具有自我屏蔽功能的 γ 射线电池。

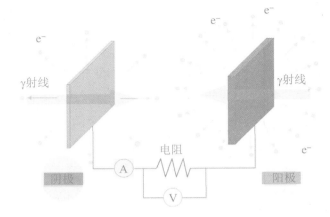

图 7.2　平行平板型放射性电池概念图

　　注:相同物质构成的金属板同时接受 γ 射线照射时,从薄板释放的电子增多。厚度相同、原子序数不同的金属板受到 γ 射线照射时,从原子序数较大的薄板释放的电子增多。如果利用负载连接两者,那么就有电流通过。

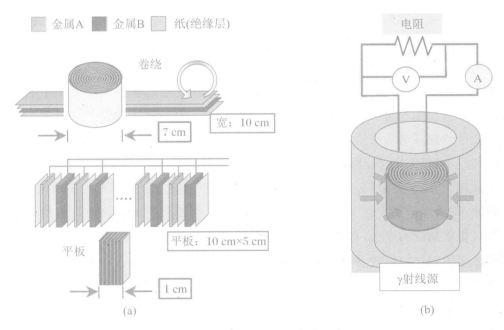

图 7.3　自我屏蔽型放射性电池概念图

　　注:尽可能并联排列更多的板,或者环绕成同心圆状,以提高 γ 射线的能量变换效率,同时屏蔽 γ 射线。

辐射与能量

7.4 ^{14}C 年代测定

除了以上应用之外,辐射(能量量子束)在许多领域都得到了有效应用。下面介绍辐射在考古和美术品修复方面的应用。可以利用辐射的透视能力来发现肉眼看不见的东西,因此在修复操作中是不能缺少 X 射线和 γ 射线的。还有,在案件调查时,作为刑侦技术的一部分,人们在分析领域应用了各种能量量子束。在机场检查人员和行李,以及包括爆炸物、药品的放射性分析在内的极微量分析方面,能量量子束也发挥着重要作用。

这里重点介绍如何利用自然界存在的碳的同位素^{14}C来测定历史遗物等的年代。空气中 CO_2 浓度的历史变迁,即过去的浓度曾经是什么水平,对于现在研究地球变暖来说,极为重要。

图 7.4 所示为公元 1000 年以来大气中 CO_2 浓度的变化。过去的大气中的 CO_2 浓度基本维持在 280 ppm,但是近年来却上升到了 400 ppm,这就是地球变暖的原因。大气中的 CO_2 在吸收地球的辐射(红外线)后,会释放出波长更长的红外线。其结果是原本吸收的能量中的相当一部分会回到地表,从而导致地球变暖。

1000 多年前大气中的 CO_2 浓度是如何知道的呢?一方面,大气中的氮原子与宇宙射线中的中子发生碰撞,每年生成 7.5 kg 的^{14}C;另一方面,已经生成的^{14}C释放 β 射线,以 5730 年的半衰期消失(变成^{14}N)。通常水或空气中的稳定同位素^{12}C与放射性同位素^{14}C的浓度比维持在一定水平。生物在生存期间,与周围环境之间交换 CO_2 气体,因此生物体内的^{14}C浓度与环境中的^{14}C浓度相同。在生物死后,不再有碳的交换,生物体内的^{14}C的浓度会逐渐衰减。利用这一现象,测定发掘的木简或纸等物质中含有的^{14}C的浓度,就可以知道作为原料的木头自采伐后经历了多长时间。另外,在南极或高山上,自古就有冰层保留下来。由于冰中有封闭空气的气泡,采集这些气泡,测定其中含有的 CO_2 浓度,同时测定其中的^{14}C浓度,从而可以知道气泡封闭的年代,以及那个时代

空气中的 CO_2 浓度。如果没有宇宙射线生成的[14]C,那么人们就不能进行这种测量。

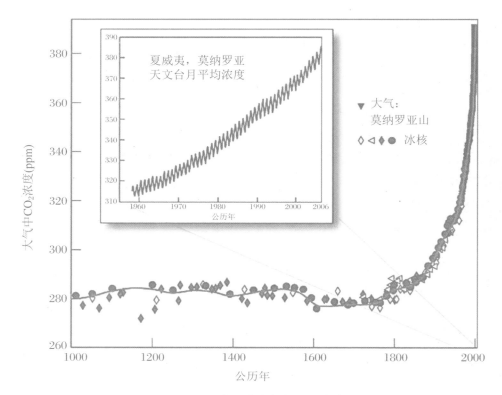

图 7.4 公元 1000 年以来大气中 CO_2 的浓度变化

资料来源:http://www.whoi.edu/oceanus/viewImage.do? id=34628&aid=17726。

7.5 放射性同位素的示踪利用

利用[14]C 技术测定年代,是因为其释放的能量量子束容易检测,所以才能进入应用。为了研究动植物的代谢引起的物质移动、在特定部位的浓缩或排出,通过物质构成元素的放射性同位素开发研究其移动的方法,这就是放射性同位素的示踪应用,或者称之为示踪技术。

在示踪技术中常用的有氢、碳、磷的放射性同位素^{3}H、^{14}C、^{32}P。通过投放包含这些元素的物质,然后观察这些元素在组织或患部的分布情况,可以研究代谢的异常或病变。这一方法利用放射性同位素的检测方便性来研究物质的移动,因此常用于医疗现场、动植物的品种改良等。需使用的放射性同位素的数量极少,^{3}H、^{14}C、^{32}P不仅物理半衰期比较短,而且生物学半衰期也比较短,使用起来比较安全。能量量子束分布的可视化技术的发展,也发挥着巨大的作用。此外,正是因为放射性同位素释放的能量量子束携带能量,才使得这一技术进入应用成为可能。

137

第 8 章　能量与地球历史

地球历史据称有 46 亿年。在大部分时间内，地球的大气中并没有 O_2，再加上来自太阳的能量量子束的影响，因此并不适合生物生存。尤其是在地球诞生初期，温度非常高，更不适合生物生存。

人类只有不到 100 万年的历史。另外，自人类利用化石燃料获取大量的能源以来，仅有 2 个世纪。这种能源利用产生的 CO_2 带来了地球变暖的问题，或许可以说是 CO_2 出现了"返祖"现象。其理由是，在数亿年前的石炭纪，大气中的 CO_2 通过植物的光合作用变成有机物（碳水化合物），然后成为化石燃料一直保存在地下。现在，人类将这些化石燃料挖出来燃烧，形成 CO_2 后又返回给了大气。大量燃烧化石燃料以获得能源的做法，只是最近 50 年左右的事情。本章将对照地球的历史，讨论针对地球环境的能量入射和释放，以及这一过程中的能量变换情况。

8.1　地球环境的变化

地球环境在来自太阳的入射能量与地球向外的辐射能量之间保持着平衡，即使有 1 年或 2 年出现不平衡，也不会立刻导致环境变化。另外，人类消费化石燃料时产生的废热也是大城市气温略微上升的原因,但不会直接关联地球的整体变暖。但是,最近 20~30 年平均气温的上升非常显著,人们认为其原因是 CO_2 浓度的增加引起了能量吸收与释放之间的平衡变化。

回溯以亿年为单位的地球历史。从中可以很清楚地看出,来自太阳的能量入射与地球环境的变化之间有着紧密的关系。图 8.1 所示为以亿年为单位的大致的地球历史。图中同时表示了来自太阳的能量辐射逐渐增加,注入地表的太阳紫外线逐渐减少,空气中的 CO_2 分压减少、O_2 分压增加(N_2 分压没有什么变化)。地球诞生后过了 10 亿年左右,也就是约 40 亿年前,大气中的主要成分是 N_2 和 CO_2。地表由无机物组成,这是一个无生物的时代。在大概 35 亿年前,诞生了生命(能够自我增殖的有机物)。在只有水和 CO_2 的环境中,合成有机物(碳水化合物)就必须要有能量。此外,生物的生存、增殖也需要能量。来自太阳的能量虽然足够多,但高能量子束(紫外线和能量更高的 X 射线、γ 射线)也同时强烈地倾注下来。对于生物来说,陆地非常危险,只有在海水中才能生存。海水可以吸收掉那些危害生命的高能量子的能量。因此,有些生物不是依靠阳光,而是依靠水中的热水矿床(水中火山)的能量才得以生存(这些生物现在还存在)。

怎样从无机物中产生有机物(生物),直到现在仍是一个未解之谜。但在 25 亿年前,地球上就已经出现了藻类。这些藻类可以通过光合作用,让水与 CO_2 发生反应,产生碳水化合物。当时的紫外线可能还很强烈,最初进行光合作用的植物(藻类)只能在海水中生长。因为光合作用释放的 O_2 在水中溶解度不大,所以大气中的 O_2 浓度不断增加。空气中的 O_2 在浓度增大后,形成臭氧层等,从而使得到达地表的高能量子减少,生物开始向陆地发展。虽然太阳释放的能量比地球诞生时增加了 20%,但幸运的是到达地表的紫外线却减少了。这样一来,地表环境变得适合生物生存,生物的多样性得以发展,向着爬行类、哺乳类等高级生命形式进化。形成如今这样的状态,地球的大气屏蔽了来自太阳的危险的高能量子,为生命体提供了一个安全的环境,也不过是约 5 亿年前的事情,只占地球全部历史的约 1/10。另外,宇宙虽然浩瀚,但至今尚未发现其他类似的有着生物生存的行星。

来自太阳的能量中只有大约 0.23% 通过植物的光合作用储存为能源(见图 1.4)。由 3.6 亿年前到 2.9 亿年前石炭纪陆上、海上繁盛的大型植物形成的化石燃料,给现在的人类带来了恩惠。化石燃料是远古植物储存的太阳能量,这是花费了数亿年才储存下来的能量。而现代人一年就要用掉当时数百万年的储存量。如果按照现在的化石燃料消费速度,那么化石燃料只能满足人类未来几百年的消费。

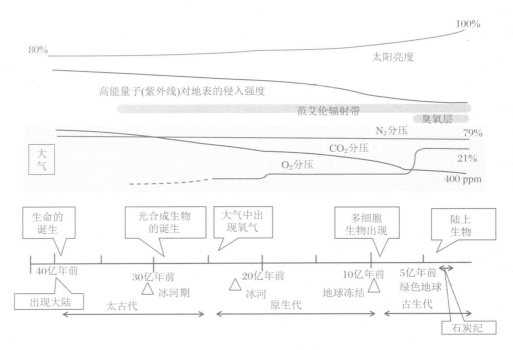

图 8.1　地球历史与大气变化

8.2　生命的产生与进化

在生命的进化、多样化或者高等化中,能量量子束产生了影响,这是不可否认的事实。进化并不是按照既定的路线发生的。现在的研究表明,在进化过程中,由于某种突然的原因引发变异,然后那些适合环境的物种得以生存延续下来。问题是为什么会发生突然变异?能量量子束的照射会导致细胞的死亡,但除此之外,RNA 和 DNA 等具有的细胞得以生存的一些功能也是因能量量子束的照射而引发的某种化学反应的结果。

化学反应有时也会导致细胞的死亡,但也会带来主导细胞遗传的 DNA 的变化,从而与所谓突然变异相关。最初的生命应该是能够自我增殖的某种有机物。那些能够进行 CO_2 与水的反应并制造碳水化合物的细胞的诞生,导致了能够进行光合作用的生命(藻类植物)的诞生。在这种光合作用中,能量是不可缺少的,从而可见光得到了利用。开始进行光合作用的初期生物(植物),也可能利用了能量高于可见光的紫外光。当时紫外光的强度比现在高,能量高于可见光的紫外光可能更有利于还原反应。通过还原反应制备碳水化合物,植物中储存这些碳水化合物,生物(动物)则以植物为食,并通过燃烧植物获得能量。这一切都非常自然地发生着。生物的尸骸成为化石燃料,或形成以 $CaCO_3$ 为主要成分的石灰岩(生物的骨头或贝壳等的主要成分都是钙)而留存下来。

不管怎样,在地球的漫长历史中,所有的生命体都承受了来自太阳的能量量子束。前面已经说过,与太古时代相比,现在来自太阳的能量辐射增加了20%。但是由于受大气的保护,地表接受的能量并没有增加,并且紫外线以及更高能量的光线也基本上不能到达地表。正因为如此,高等生物才能得以生存、繁衍。高等生物的神经传递需要依靠非常小的能量(生物电信号),紫外线或软 X 射线等能量稍高的能量量子束会干扰这一传递,造成混乱。紫外线或软 X 射线对生化反应也会产生某种影响。人们都知道,太阳耀斑会使地上的电磁波发生混乱。如果产生巨大的耀斑,那么能量高到足以危及人体的量子就会到达地面。

不论你喜欢或是不喜欢,人类都是依靠来自太阳的能量量子束才得以生存,并受其支配而不得不发生变化。谈及辐射(能量量子束),许多人就只会想到高能的量子束。实际上,能量量子束是携带能量的东西,即使是能量较低的量子束,如果照射剂量太大,那么也会产生影响。当然,量子束具有的能量的大小不同,对人体的影响也大不相同。

人们担心的是,人体照射对后代的影响。因为不能做人体实验,所以无法给出确切的答案。但是,生命的进化过程对这个问题给出了启示。不可否认,照射引起的突然变异是存在的。这一点令人非常遗憾。然而,进化过程、昆虫和植物的实验、经验都表明,不适合环境的突然变异个体遭到了淘汰。人类也是生物中的一种,在漫长的历史中,可能一边受到能量量子束照射的影响,一边发生适应性变化,优胜劣汰,最终形成了现在的智人。因为一直受到天然的能量量子束的照射,所以人类在某种程度上具有了针对照射的耐受力或恢复力。为了维持这种能力,可能依旧需要继续接受某种剂量程度的能量量子束的照射。现实中确实有人受到照射并出现了照射影响,但是对于个别例子或者几个世代的变化来说,这些议论是不太恰当的。

重金属、农药等产生的危害(尤其是影响遗传因子)已经广为人知。被摄入细胞内部的化学物质要么杀死细胞,要么在 DNA 或 RNA 之间引起某种化学反应,从而使其产生变化。药剂既可能导致细胞癌变或死亡,也可能引发细胞的突然变异。放射性在细胞内产生能量变化,带来的结果与化学反应一样。这说明两者参加反应的分子种类虽然不同,但都属于生化反应。

辐射与能量

第9章　能量利用与辐射

大家是否开始觉得辐射从"可怕的"东西变成"吓人的"东西了？

太阳和地球这一系统对太阳中核聚变产生的能量进行选择或能量变换，从而使得这些能量不再危害人类。因此，地球上的"生命万物"才能得以生存。不论是什么能源，在对其进行利用时，都难以避免风险，而且能量最终都会转变为热能。能量量子束（辐射）也不例外，它并不"可怕"，人们希望在理解能量变换过程的基础上，在控制其危险性的同时，对其进行利用。

9.1　能量的源泉

来自太阳的能量量子束是人类的能量源泉。幸运的是，太阳和地球一起为生命体屏蔽掉了那些危险的高能量子束，同时传递出足够生活之用的能量。辐射是一种携带能量的物质，理解这一点后，再结合已与人体之间进行能量传递的机制，就可以在某种程度上对它进行控制。话虽这样说，因为不能将其任意弯曲或对其进行阻止，所以要想规避"吓人的"辐射，要么逃得远远的，要么使其无法传递到人身上（进行屏蔽）。此时，没有必要将应该避免的辐射剂量值设定得过低。地球上的万物从太古时代开始，便或多或少地暴露在辐射之下，因此已经具有一定的抵御能力,即使受到某种程度的损伤也能够恢复。此外,人们在培育植物时,经常将其放置在某种程度的严酷环境下,以让其发挥出与这种环境相适应的尚未显现的能力。从这一观点出发,辐射兴奋效应可能也是有道理的。过度自信当然是不对的,但就个人而言,从自然界受到 10 倍于允许辐射剂量的照射,也完全不用为之担心。

话虽如此,但也不能保证绝对没有影响。在自然界的某个地方,总会发生一些意想不到的事情,其中一些可能就是由辐射引起的。当然其他原因导致的情况应该更多一些。例如,地震、台风就完全是一种地球局部地区的能量释放现象,还有病毒、细菌引起的致死性疾病的发病率也绝不会是零。人们要做的只能是,正确地"对待"这些"恐怖"。

能源利用必然伴随风险。利用的能源越多,事故时造成的影响就越大。东日本大地震是源自地球的庞大能量释放,福岛核事故也是释放了反应堆内存留的非常巨大的能量。散布的放射性物质中还残留着能量,至今仍在持续地释放能量。

当放射性物质具有很高的能量时,可以将其用作能源,实际上人们也正在这样做。但是,当放射性物质具有的能量很低时,就算在今天,人们对这些能量也没有什么有效的利用方法。危险的能量可以变换为不危险的能量,然而当放射性很低(束源具有的能量很少)时,进行这种能量变换所需的能量与变换得到的能量相比,得不偿失,并不合算。有点讽刺的是,只有强度很高的"可怕的放射性"在进行控制后,才可以变换为对人类有用的、"不可怕"的能量。

受福岛核事故影响,最近出现了脱离核电的思潮,从个人情感上说,这无可厚非。但从宏观和长远角度看,我担心这种思潮是否有点太过于短视。我住在没有受到核事故危害的九州,说这些话也许有点轻率,但作为一名一直从事核能开发的研究人员,希望从历史的或者长期的视角,对日本的能源保障问题发表一点意见。

9.2　任何能源都有代价

　　可再生能源的利用当然是求之不得的,也应该进一步促进这方面的利用。然而,相关基础设施的完备需要多少能源? 要达到这一目的,会有多大风险或负担? 这些风险或负担由谁承担? 这些问题是否被人们忽视了呢?

　　当然,针对至今为止的能源开发活动,也应该提出同样的问题。在大部分国家,其经济体量都与能源使用量成正比。这样说毫不过分。作为极端的说法,甚至还可以说物价也与生产过程中的能源消耗量成正比。"高成本"在某种意义上正是使用了多少能源的反映。"人工费高"指的就是这个人操控的与之相符的能源(包括操控的人员)多。

　　太阳能电池的发电成本高,既包括太阳能电池的制造成本高,也包括送电所需的基础设施的建设与维护,以及连接送电网络等的成本高,还包括设备利用率低(夜间不能运行)。目前的现状是,打算用来代替核能的自然能源的成本显然太高。如果要问:"是否只是因为成本高才不使用?"那么这个问题还是很难回答的。随着技术的进步,成本应该可以降低;或者大量使用、大量生产也可以降低成本。然而这一逻辑常常行不通,这是促进派的逻辑。是否应该接受这个逻辑,还需要另外的判断标准。

　　如果不考虑来源的话,那么能源当然是越便宜越好。化石燃料中最便宜的是煤炭。但是,如果因为其便宜,就增加它的使用量的话,则要面对环境污染问题和地球变暖问题。在保护环境的大背景下,自然没有比减少能源使用量更好的方法了。福岛核事故后的电力使用限制,明显地造成了经济活动的停滞。因此,减少能源使用量就意味着减缓经济活动,也就降低了国家的经济活力。

　　作为发达国家,日本的人工费在生产成本中占有极高的比例。但是,开始新的生产,如太阳能电池的生产,一定会促进当地的就业,毫无疑问地会增加GDP。当然,如果成本之外的其他因素起作用,如将废止核能作为国策,那么即使自然能源的成本更高,也不得不使用。根据前首相菅直人执政时设立的再生能源法案,电力公司负有义务,以固定价格采购自然能源,然后将采购的成本加在电力价格上,由广大用户承担。通过这样的方法来促进可再生能源的利用,降低成本,从而反过来促进利用,以抑制核能或化石燃料的使用。虽然这完全是与"缓和行政管制"的潮流相逆行,但国家已经决定将其作为"政策"来执行,政策优先于成本。但是,近来已经难以无视这一负担,电力公司对进一步利用太阳能并不积极。最终由谁来承担这个成本,在国家层面上也有问题。

9.3　化石燃料的最初来源也是太阳能

如第 8 章所述,化石燃料是太古时代的地球储存的以不同形式留下来的(简单来说,就是将 CO_2 或 H_2O 还原后,以煤炭(C)或石油(C−H)的形式储存于地下)太阳能。现代人每年要用掉太古时代地球数百万年的太阳能储存量。按照这个趋势继续使用化石能源,地球诞生后数十亿年在地下储存的太阳能将会在数百年后耗尽。化石燃料的利用(燃烧),将使现在的地球像太古时代的地球一样,被含有更多 CO_2 的大气所覆盖。当然,如果能够回收和贮存 CO_2,那么就可以控制温室效应,然而回收和贮存本身也需要大量的能量。

如今说的自然能源,指的是将当年的太阳能源作为当年使用的能源。若太阳与地球的关系能够持续保持现状(到目前为止,太阳已经燃烧掉了大约1/3的作为太阳能源的氢,还剩下 2/3,再维持几十亿年应该没有问题),则不需要担心太阳能源会枯竭。像太阳能电池那样进行直接能量转化,其效率不过20%左右。生物资源,即依靠光合作用的 CO_2 还原有可能带来希望,但能量转换效率也不大。食物是必须要确保的。食物是否也是能源,认识上还存在着分歧。从能量使用的角度看,两者基本上是相同的,区别只在于它是作为食物能量被人类直接摄取使用,还是在外部作为能源进行利用。

不要忘记,太阳能源本来就是以氢为燃料的核聚变反应生成的能量。核聚变产生的能量与核裂变产生的能量一样,最初都是能量量子束。与核反应堆内的水、压力容器、收容容器等的屏蔽作用一样,由于太阳的内部以及大气的屏蔽作用,使对人类十分危险的具有高能的能量量子束不能到达地球。此外,在地球内部,放射性同位素的衰变热抑制了地球的冷却速度,同时地壳阻止了地球内部的对生物十分危险的能量量子束释放到地表。正是这种十分"侥幸"的地球与太阳的位置关系,以及宇宙中再无第二个的地球环境,才使得生物和人类得以生存。

在没有大气的月球上,来自太阳的单位面积的能量供应与地球差不多。尽管如此,人类要在月球上生存,必须携带 O_2,同时为了屏蔽宇宙射线的照射,还必须穿着宇航服。需要再次重复的是,现在的太阳系中的地球,就是一个能够体现生物是如何高明地利用核能进行生存的系统。通过自然的力量,使那些对于生命来说十分危险的能量量子束不能到达地面。不对! 正是有了这种系统(自然环境),生物才能得以生存。

人类的可持续发展,需要依靠那些控制核能的能量变换系统,即核反应堆、核聚变堆,或者替代这些形式的新的核能利用系统。当然,不使用过去储存的太阳能,也不使用可控核能,而只靠现在的太阳能来维持当下的生活,这也是一种选择。如果日本选择这种状态,不再进口所有的化石燃料等,那么就是要回到人口只有现在 1/5 的江户时代。当然,通过太阳能电池,或者提高光合作用的能量转换效率,可以获得稍微多一些的能量,从而可以稍微增加一点人口,但最多也就现在的一半人口。

人均能量使用量或人均国民生产总值只有日本 1/10 的那些国家,毫无例外地都到达了相当于日本社会数十年前的生活水平。现在的日本人在生活中已经习惯了像用热水一样方便地使用能源,要让这样的日本人返回 200 年前的生活,是不可想象的。

9.4 能源利用的伴随风险

利用能源时一定会伴随着风险。说到与可再生能源有关的问题,日光的照射有时会导致灼伤,甚至皮肤癌;水坝溃堤,将会危及许多人的生命;乘坐汽车的事故率非常高,也会出现人身伤亡。东日本大地震是地球内部储存的能量以机械能的方式释放出来的结果,也是能量生产[1]时的风险以最坏的形式出现。台风也是如此。如果仅限于大家日常使用的能源,那么利用者已经接受了利用这些能源所伴随的风险,并利用保险系统,对接受这种风险(代价)进行补偿。遗憾的是,不管是化石能源还是核能,能源生产与利用的风险常被宣传为近似于零(安全神话)。以前,在没有告知确切信息的前提下,以某种程度的经济援助为诱导,在人口稀少的地区设置大规模的能源装置,以保障城市的大量能源供应。福岛核事故应该由谁来支付成本? 又需要支付多大的成本? 这些都是未知数。

如果不怕大家误解,实话实说,那么按照单位能量输出的死亡人员数量的统计数据分析,能量密度越高的能源,其应用时的死亡人员数量就越少。交通手段也一样,运送人员时能量消耗越大的交通手段(摩托车→小汽车→大客车→铁路→飞机),越能降低事故率。当然,人们也知道,使用能量越大的设备,事故造成的影响也越大,所以越加会注意安全(支付安全成本)。此外,为了维持健康的文化生活,能源也是必不可少的。为了利用能源,除了通过使用金钱来支付成本外,也要接受随之而来的某种程度的风险。

为住在大城市的人提供其需要的能源,仅依靠周边的可再生能源来保障,是不可能的。只能是在某个地方进行能源生产(变换)后,再向城市输送。这正是能源利用的现状,而大城市的人却不用承担能源生产的伴随风险。大城市的人在唱着自然能源利用的高调时,必须牢记这一点,哪个地方能够用来建造风车、大型太阳能板、地热、潮汐等发电站?

理所当然的是,能源生产的伴随风险必须要由受益者(能源利用者)承担。

---

[1] 注:"能量生产"这个名词极容易引起误解。自然界有一个不能违反的定律——能量守恒定律。"能量生产"指的是将能量的大小和密度变换为人们容易使用的形式。在使用变换后的能量时,其最终结果是作为废热排放出去。最初的能量除了做功消耗一部分外,其余的都会成为废热。

观察太阳时,通过氢的核聚变反应,质量变换为能量(核能)。核聚变产生的这一最初能量就是"吓人的辐射"本身。但这一能量的大部分都在太阳内部变换为热能,由此太阳成为一个表面温度为 5750 ℃ 的恒星。从这个表面温度为 5750 ℃ 的恒星释放出来的是太阳光,其波长从短波开始,分别为 X 射线、软 X 射线、紫外线、可见光、红外线,它们一直传播到地球。对于生命体来说,其中具有危险性的能量量子束——X 射线、软 X 射线,它们会以生成臭氧等方式,被大气吸收能量,所以不会到达地面,从而令地表成为生命体的乐园。植物接受紫外线和可见光的能量,通过光合作用将 CO_2 还原,生成碳水化合物。这样,人类利用植物储存的太阳能得到食物能量和生物能量。利用后的能量变成废热,以电磁波(红外线)的形式向宇宙释放。来自太阳的入射热量与地球释放出去的热量之间如果不能维持平衡,那么就会出现地球变暖或变冷。

辐射与能量

要实现这一点,就只有在城市制造能源。在大城市建造高密度能源后,该能源利用的伴随风险自然就会由受益者来承担。从长期来看,这应该是能源利用的合理状态。铁臂阿童木或许不能依靠核能来实现,但却是能源利用的理想状态。不只是阿童木,整个城镇使用的能量都应该依赖这个城镇中的能源来自行解决。太空基地就必须是这种状态。在大城市建造与人口消费能量总量相适应的非化石燃料型的大规模能源,是长期视角下的正确理论(理想)。如果问这个能源是什么?那么现实状态下,只能是核能(核裂变能、核聚变能)。在城市建设安全的核能,这应该是未来(100 年以上)的长期能源战略。当然,这样一来肯定会有人说,将这种安全的核能源建在人员稀少的地方岂不是更好?确实如此,但是风险不是零。必须明确的是,无论在什么地方建设什么能源,都必须由受益者承担它的风险。一些人像个旁观者一样,只顾在城市里毫无责任地发表高论,真是岂有此理。

附录　关于辐射的问答

问题 1:什么是辐射能?

答案 1:从字面上看,就是具有释放辐射的能力。释放辐射的物质也称为辐射能,此时,指的是具有释放辐射能力的物质。在严格意义上,应该称其为放射性物质。"辐射能"这个词也常用来代替"射线"。为了表示具有辐射能的物质能够释放多少射线,采用单位贝可勒尔(Bq)来进行计量(参见 1.2 节)。详细内容可参见问题 10 的"答案"。

问题 2:什么是射线?

答案 2:射线是指运动时携带很大或者很高的能量、小于原子的粒子或者光。与人们周围的物质或者构成人体自身的粒子(原子或电子)具有的能量(小于 meV)相比,射线携带的能量要大 6 个数量级以上(大于 keV)。因此,本书不用"射线"一词,而采用"能量量子束"这个词来表述。

能量量子束(射线)是可数的。1 s 内放出 1 个射线的物质,被称为具有 1 Bq 辐射能的物质(放射性物质)。

问题 3:辐射是什么意思?

答案 3:任何物体,只要不是处于绝对零度,就会以光(电磁波)的形式,释放与其温度相对应的能量,这一现象称为辐射。理想的辐射又称黑体辐射,辐射的光的波长随着温度的升高而变短。利用这一现象,可以在不接触物体的情况下,测定物体的温度。体温测量仪就是用来测定人体表面释放的光(红外线)。在空气干燥的冬天夜晚,地表温度因"辐射冷却"而显著低于空气温度,其原因就是地表的红外线辐射引起的能量释放。

图 3.6 所示为太阳释放出的光在到达地球时的波长分布。光强度最高的是波长约为 0.5 μm(500 nm)附近的光。从这一特征可知,太阳的表面温度约为 5750 ℃(详见 1.3 节和第 3 章)。

通过对宇宙中距离地球几亿光年的星星释放的到达地球的电磁波进行波长分析,可以知道该星星的状态、表面温度、内部温度,以及是由什么物质构成的等。

问题 4:射线源是什么?

答案 4:根据辐射的定义,所有的物体都在辐射电磁波,因此都是辐射源。太阳当然也是辐射源,包括太阳在内的恒星通过核反应不停地释放能量。它们释放的能量非常大,释放的能量量子束(辐射)的波长是比 0.2 μm 还要短的光(电磁波),所以在图 0.1 中无法表示出来。宇宙射线包括各种各样的能量量子束,有的是从恒星释放出来的,也有的是星星爆发时释放出来的。通常所说的辐射源指的是释放能量大于 X 射线的能量(辐射)束的源(几千电子伏),所以本书将辐射称为能量量子束。

问题 5:光与射线(能量量子束)是同一物体吗? 光也是射线吗?

答案 5:是的。能量量子束(辐射)要么是携带能量的粒子,要么是携带能量的光(电磁波)。电磁波携带的能量(ε)与波长(λ)成反比,或与频率(ν)成正比,可以表示为 $\varepsilon = ch/\lambda = h\nu$。其中,$c$ 为光速,h 为普朗克常数。表 1.1 所示为按照携带的能量大小顺序排列的各种电磁波。为了方便理解,图 0.1 再次进行了说明。无线电、收音机、电视等使用的电波是波长不同的电磁波,从物理意义上说都是电磁波,只不过携带的能量非常小。若波长更短一些,则是微波炉或电磁炉使用的电磁波,也称为微波。根据波长不同,每隔 3 个数量级,分别为米波(m)、毫米波(mm)、微波(μm)。红外线是处于 1 μm 左右波长范围的光。从 0.7 μm 到 0.2 μm 范围内为可见光。低于 0.2 μm(200 nm)则为眼睛看不见的紫外线。波长小于纳米(nm)的电磁波称为射线(能量量子束)。根据能量量子束携带的能量的大小不同,可以分为 γ 射线和能量较低的 X 射线。

关于携带能量的粒子,可以参见"问题 6"。如果能量非常高,那么光就显现出粒子的性质,粒子就显现出光的性质,此时称其为量子。因此,称射线为能量量子束还是有道理的(详见 1.2 节和 2.1 节)。

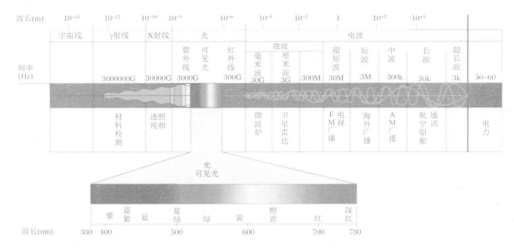

图 0.1　各种电磁波的波长与能量

资料来源：http://www.sugatsune.co.jp/technology/illumi-l.php。

问题 6：携带能量的粒子是什么？

答案 6：质量为 m、运动速度为 v 的粒子携带的动能 $\varepsilon = \frac{1}{2}mv^2$。如果发生碰撞，那么这一动能的一部分或者全部将会传递给对方，或者反过来，从发生碰撞的对方获得（吸收）能量。与人们周围的物质或者构成人体自身的原子所具有的动能相比，通常称为能量量子束的粒子所携带的能量要大得多，若受到能量（辐射）束的照射，则会接受能量。这一现象叫作受到照射（详见 1.2 节和 2.1 节，或者参见"问题 9"）。

问题 7：射线（能量量子束）的种类及其区别是什么？

答案 7：射线（能量量子束）可以分成以粒子形式携带能量的 α 射线、β 射线和中子，以光的形式携带能量的 γ 射线和 X 射线。图 1.8 所示为这些射线进入物质时是如何传递能量的。α 射线在皮肤厚度范围内传递了所有的能量后就停止下来。β 射线也是在几十微米的厚度内停止下来。因此，α 射线和 β 射线即使作为射线从体外进入人体，也不会有很大的影响。若射线更强，则会导致烧伤。若进入身体内部，则会产生物体内照射（参见"问题 14"），这非常危险。另外，γ 射线透射能力强，即使进入手中，也会穿透而过。当然，在穿透过程中会传递能量，从而令人体受到照射。通常，相关射线照射的问题，指的都是这种

辐射与能量

由 γ 射线引起的照射(详见第 3 章)。

问题 8:射线(能量量子束)是怎样运动的?

答案 8:射线(能量量子束)在与构成物质的粒子(原子或电子)发生碰撞之前,一直做直线运动。由于碰撞时发生能量传递,能量量子在传递能量时,其轨迹也会发生变化(一般情况下,传递的能量越大,轨迹变化也越大)。能量量子与水或空气不同,它会与前进方向上的物质发生碰撞,但不会转过来与后面的物质发生碰撞。尤其是 γ 射线,它虽然会逐渐散开,但基本上还是沿着直线传播(详见第 2 章)。

问题 9:受到射线(能量量子束)的照射意味着什么?

答案 9:受到射线(能量量子束)的照射指的是飞来的能量量子到达人体后,其携带的能量传递到构成人体的分子、原子、电子上(能量吸收或能量传递)。传递的能量使用单位戈瑞(Gy)来评估。1 Gy 表示对 1 kg 的物质传递或吸收了 1 J(1 J = 0.24 cal)的能量(详见第 2 章)。

问题 10:与射线(能量量子束)有关的计数率(cps、cpm)、贝可勒尔(Bq,辐射强度)、戈瑞(Gy,吸收剂量)、希沃特(Sv,吸收剂量当量)的含义及其区别?

答案 10:贝可勒尔(Becquerel,Bq)是通常用来表示能量(辐射)束源的强度的单位。1 s 内释放出 1 个能量(辐射)量子的物质具有 1 Bq 的辐射能。戈瑞(Gray,Gy)表示的是能量(辐射)束进入物质时,物质吸收(传递)能量的单位,称为吸收剂量。1 Gy 表示对 1 kg 的物质吸收或传递了 1 J 的能量。希沃特(Sievert,Sv)为吸收剂量当量,因为辐射种类不同,其对物质的能量传递方式也不同,所以需要将吸收剂量 Gy 等价换算为 γ 射线产生的能量吸收剂量。γ 射线照射时,1 Gy = 1 Sv。新闻报道时经常使用的 μSv(10^{-6} Sv),实际上指的是单位时间内的吸收剂量率(μSv/h)。按照规定,其乘以受到能量(辐射)束照射的时间后的累积剂量必须小于 20 mSv(参见"问题 11")。

贝可勒尔与希沃特之间的换算:由于知道 1 个能量量子(辐射)传递的能量大小,如果能够确定能量量子束的种类及其携带的能量,那么就可以将 Bq 换算为 Sv。以经口摄入的 ^{131}I 为例,由于实效剂量系数定为 2.2×10^{-8} Sv/Bq,将此值乘以 Bq,就可以计算出吸收剂量当量 Sv(详见 2.5 节)。

问题 11:20 mSv 的照射是否危险?

答案 11:该问题如果是"1 个人受到 20 mSv 的照射后,是否会导致癌症",

那么只能回答"不知道"。若是"有多大危险",则要看"比什么东西更危险"。可以肯定地说,受到 20 mSv 的照射后出现肺癌的概率远低于经常吸烟者患癌的概率。但是,受到 20 mSv 照射后,与未受到照射的人相比,患甲状腺癌的概率会增加。若追问与完全没有受到照射的情况相比,这一概率增加了多少,则不可能给出具体的数据。人们每年因自然界存在的辐射而受到的照射剂量平均为 2.4 mSv,且这一照射剂量的影响还完全不清楚。另外,人体具有治愈能力,且这一治愈能力会因人而异,因其生活方式而异。20 mSv 的照射还不会对每个人都造成影响,其出现影响的概率只是每千人中有 1 个或 2 个。每千人中有 1 个或 2 个的影响概率,需要调查几万、几百万受到了 20 mSv 照射的人。然而实际上并没有做过这么大规模人数的调查。第二次世界大战之后,由大国的大气层内核试验散布的放射性物质导致的放射性水平比现在高 10～100 倍,其影响仍然不清楚。由于平均寿命的延长,癌症发病率明显增加。与此相比,核试验散布的放射性物质的影响则小到不可检测(当然并不是没有影响)。另外,日常生活方式也有很大影响。那些强调 20 mSv 照射仍然安全的人会说,由心理压力、农药等引起的癌症发病率要大得多。而那些认为这一照射剂量危险的人则可能说,在绝对数(不是概率)上,有几个人因照射而患了癌症。

自不必说,应该尽量减少照射剂量。因为过去的照射历史不可能消除,所以希望受到照射的这些人要相信自身的照射剂量对健康不会产生影响,从而能够在生活中保持身心健康。

问题 12:照射后的物质或生物具有放射性吗?

答案 12:不会。这完全是误解。有一些人错误地认为,暴露在放射性下的物体会具有放射性。"受到辐射能污染"的看法本身就是错误的(详见 2.6 节)。

问题 13:受到射线(能量量子束)照射后会发光吗?

答案 13:答案有"会"和"不会"两种。荧光或者磷光物质作为夜光涂料,常用于紧急出口或通向紧急出口的指示标识,这些物质在紫外线或者蓝光(波长较短的可见光)的照射下,会释放出可见光。这些物质在射线的照射下,自然也会发光。在医疗现场使用 X 射线时,这些物质也用来判断是否有 X 射线释放。

不只是荧光物质,所有的物质都会根据其自身温度,释放出不同波长的电磁波(射线)。射线对物质传递能量后,物质也会以某种形式向外释放电磁波。如果这些电磁波的波长是眼睛能够看得见的波长,那么它就是光,所以上述答

辐射与能量

案是"会"。若波长很长,眼睛看不见,则上述答案就是"不会"。作为荧光释放出来的光,对人体没有影响(详见 1.3 节)。

问题 14:什么是内部照射、外部照射? 它们有什么区别?

答案 14:能量(辐射)束源位于体外时,这一束源引起的能量量子束的照射称为外部照射。束源(大部分是放射性同位素)以经口摄入等方式进入人体后,滞留在体内的器官(脏器)内,从这些部位释放能量量子束,体内的器官(脏器)受到直接照射,称为内部照射。碘(I)容易进入甲状腺,放射性同位素 ^{131}I 进入儿童的甲状腺是极令人们担心的放射性影响之一(详见 4.1 节)。

问题 15:进入体内的放射性物质会有什么影响?

答案 15:大致上来说,它与食物中含有的物质一样,会因代谢而排泄出去。减少到一半所需的时间称为生物学半衰期。表 5.1 所示为主要的放射性同位素的生物学半衰期。^{131}I 容易滞留在甲状腺内,引发甲状腺癌,从而让人恐惧,但它进入体内一年后,会降低到 1/8。^{90}Sr 的生物学半衰期为 49.3 年,非常长。因为锶的化学性质与钙类似,容易滞留在骨头内,一旦进入骨头,则很难再被排除。为了尽快将进入体内的这些放射性物质排除出去,最有效的方法就是通过摄入没有放射性的稳定同位素来进行置换。例如,预先服用由稳定同位素 ^{127}I 制成的碘化钠或碘化钾药片(碘剂),可以防止摄入 ^{131}I。当出现有可能导致放射性碘照射的事态时,在放射性碘进入体内之前,摄取碘剂是最有效的办法(详见第 5 章)。

参 考 资 料

　　本书中的内容基本上都是教科书或专业书中已经明确的知识,因为不是直接引用,所以没有在书中具体位置标出参考文献。但是,本书在写作时大量参考了下面所列的参考书,这里特意列出这些资料,并向相关出版方表示感谢。本书使用的图表由三部分组成:已经获得引用许可的部分,因公开发表而无需获得引用许可的部分,以及自己制作的部分。除了自己制作的图表外,在其他图表下方均注明了引用文献的出处或者来源网页等。

　　过去已经出版了许多有关射线的启蒙书、教科书、参考书、专业书等。这些书的作者的立场各不相同,既有核能反对派,也有核能促进派,还有纯粹的学术派。以下选择那些立足于科学观点、且为最近出版的图书,并分类为 A. 启蒙书,B. 射线与辐射能量,C. 辐射生物学,D. 辐射物理、辐射化学,E. 射线探测,F. 辐射兴奋效应,G. 辐射利用。然后按照年代顺序列出。然而,这些图书并不仅限于作者推荐的书籍。需要说明的是,还有许多年代已久,但仍值得参考的好书,却没有在这里列出来。

　　需要着重介绍的是,由日本环境省出版的《有关放射性对健康影响等的统一基础资料(2015 年版)》(http://www. env. gov. jp/chemi/rhm/h27kisoshiryo. html)。

A. 启蒙书

［1］ 飯田博美,安斎育郎.絵とき 放射線のやさしい知識［M］.東京:オーム社,1984.

［2］ 近藤宗平.人は放射線になぜ弱いか　少しの放射線は心配無用［M］.3版.東京:講談社,1998.

［3］ 舘野之男.放射線と健康［M］.東京:岩波書店,2001.

［4］ 齋藤勝裕.知っておきたい放射能の基礎知識［M］.東京:SBクリエイティブ,2011.

［5］ 多田順一郎.放射線・放射能がよくわかる本［M］.東京:オーム社,2011.

［6］ 日本アイソトープ協会.放射線のABC［M］.東京:日本アイソトープ協会,2011.

［7］ 野口邦和.放射線がよくわかる本［M］.東京:ポプラ社,2012.

［8］ 荒木力.放射線被ばくの正しい理解:"放射線"と"放射能"と"放射性物質"はどう違うのか?［M］.東京:インナービジョン,2012.

［9］ 日本保健物理学会「暮らしの放射線Q&A活動委員会」.専門家が答える 暮らしの放射線Q&A［M］.東京:朝日出版社,2013.

［10］ 名取春彦.放射線はなぜわかりにくいのか:放射線の健康への影響、わかっていること、わからないこと［M］.東京:あっぷる出版社,2014.

［11］ 安東醇.放射線の世界へようこそ:福島第一原発事故も含めて［M］.東京:通商産業研究社,2014.

［12］ 菊池誠,小峰公子.おかざき眞里、いちから聞きたい放射線のほんとう:いま知っておきたい22の話［M］.東京:築摩書房,2014.

［13］ 落合栄一郎.放射能と人体　細胞・分子レベルからみた放射線被曝［M］.東京:講談社,2014.

［14］ 日本放射線影響学会.本当のところ教えて! 放射線のリスク:放射線影響研究者からのメッセージ［M］.東京:医療科学社,2015.

B. 射线与辐射能量

［15］ 佐藤満彦."放射能"は怖いのか:放射線生物学の基礎［M］.東京:文藝春秋,2001.

[16]　佐々木愼一，森田洋平,細田時弘,細谷淳.放射線測定と数値の本当の話[M].
東京:宝島社,2011.

[17]　藥袋佳孝,谷田貝文夫.今知りたい放射線と放射能:人体への影響と環境での
ふるまい[M].東京:オーム社,2011.

[18]　Jon A E,上出洋介,宮原ひろ子.太陽活動と地球:生命・環境をつかさどる太
陽[M].東京:丸善出版,2012.

[19]　名取春彦.放射線はなぜわかりにくいのか:放射線の健康への影響、わかって
いること、わからないこと[M].東京:あっぷる出版社,2014.

[20]　落合栄一郎.放射能と人体　細胞・分子レベルからみた放射線被曝[M].東
京:講談社,2014.

[21]　ロバートピーター ゲイル，エリック ラックス,朝長萬左男.放射線と冷静に
向き合いたいみなさんへ-世界的権威の特別講義[M].東京:早川書房,2013.

C. 辐射生物学

[22]　菱田豊彦.放射線医學と生命の起源[M].東京:悠飛社,2004.

[23]　日本放射線技術学会,江島洋介,木村博.放射線技術学シリーズ　放射線生物
学[M].2 版.東京:オーム社,2011.

[24]　杉浦紳之,山西弘城.放射線生物学[M].4 版.東京:通商産業研究社,2013.

[25]　窪田宜夫.新版放射線生物学[M].東京:医療科学社,2015.

[26]　松本義久.人体のメカニズムから学ぶ 放射線生物学[M].東京:メジカルビュ
ー社,2017.

[27]　小松賢志.現代人のための放射線生物学[M].京都:京都大学学術出版
会,2017.

D. 辐射物理、辐射化学

如本书所述,对于辐射与人体的相互作用来说,最重要的不是能量量子束与原子或分子的直接碰撞,而是在细胞内电子激发的离子或自由基引发的化学反应、生物反应。因此,已出版的关于辐射化学的教科书远远多于辐射物理的教科书。但是,至今还没有像本书这样从能量变换的视角进行辐射分析的书籍。另外,随着激光技术的发展,激光在物体局部赋予的能量已经能够与射线相匹敌。虽然本书没有涉及这些,但是最近出版的光化学教科书也可以用来解释射线的机理。

[28] 海老原充.現代放射化学[M].東京:化学同人,2005.

[29] 河村正一,荒野泰,川井恵一,井上修.放射化学と放射線化学[M].3版.東京:通商産業研究社,2007.

[30] 多田順一郎.わかりやすい放射線物理学[M].2版.東京:オーム社,2008.

[31] 日本アイソトープ協会.放射線のABC[M].改訂版.東京:日本アイソトープ協会,2011

[32] 鳥居寛之,小豆川勝見,渡辺雄一郎,中川恵一.放射線を科学的に理解する 基礎からわかる東大教養の講義[M].東京:丸善出版,2012.

[33] 大塚徳勝,西谷源展.Q&A放射線物理[M].2版.東京:共立出版,2015.

[34] 日本放射線技術學会,東靜香,久保直樹.放射化学[M].3版.東京:オーム社,2015.

E. 射线探测

[35] 宇都宮泰.図解入門よくわかる最新線量計の基本と作り方[M].東京:秀和システム,2013.

[36] 日本放射線技術学会,西谷源展,山田勝彦,前越久.放射線技術学シリーズ 放射線計測学[M].2版.東京:オーム社,2013.

[37] 古野興平.放射線測定の基礎[M].東京:創英社/三省堂書店,2017.

[38] 納富昭弘.放射線計測学[M].東京:國際文献社,2015.

F. 辐射兴奋效应

[39] 藤野薫.大自然の仕組み 放射線ホルミシスの話:身体が身体を治す細胞内自発治癒の時代が來た[M].大阪:せせらぎ出版,2004.

[40] 赤松正雄,中村仁信.放射線ホルミシス早わかり:みんな知らない低線量放射線のパワー[M].東京:テジタルフアート出版協会,2004.

[41] 須藤鎮世.福島へのメッセージ 放射線を怖れないで![M].東京:幻冬舎,2017.

G. 辐射利用

有关医疗应用的书籍非常多,因而在此省略。

[42] 飯田敏行.先進放射線利用[M].大阪:大阪大学出版会,2005.

[43] 日本放射線化学会.放射線化学のすすめ:電子・イオン・光のビームがくらしを変える[M].東京:産業をつくる、学会出版センター,2006.

[44] 東嶋和子.放射線利用の基礎知識　半導体、強化タイヤから品種改良、食品照射まで[M].東京:講談社,2006.

[45] 工藤久明.原子力教科書放射線利用[M].東京:オーム社,2011.

[46] 加留部善晴.薬学における放射線・放射性物質の利用[M].3版.京都:京都廣川書店,2012.

彩　　图

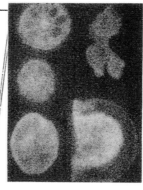

图 1.7　几种果蔬中 ^{40}K 的分布

注:黄色部分显示放射性高。

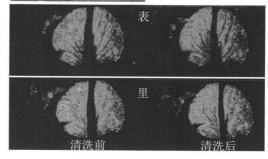

表

里

清洗前　　　　　　　清洗后

图 4.7　受到 γ 射线照射后变色的玻璃瓶

图 5.1　2012 年 4 月 4 日在福岛市采集的青菜叶上的放射性分布

资料来源:日本东北大学吉田浩子博士。

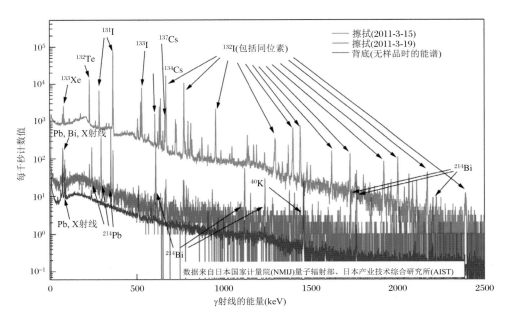

图 6.3　利用半导体探测器,对擦拭法获得的福岛第一核电站散布的粒子样品
进行检测后得到的辐射能量分布

资料来源:https∶//www.aist.go.jp/taisaku/ja/measurement/,日本产业技术综合
研究所筑波中心提供。

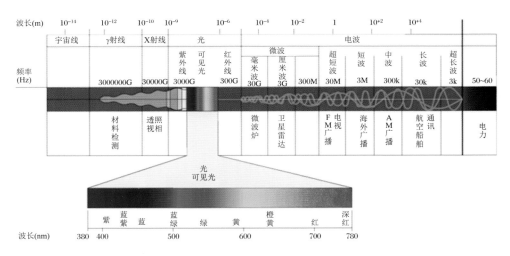

图 0.1　各种电磁波的波长与能量

资料来源:http∶//www.sugatsune.co.jp/technology/illumi-l.php。

辐射与能量